古都がはぐくむ現代数学

京大数理解析研につどう人びと

▼

Naoyuki Uchimura

内村直之

日本評論社

まえがき

数学者は、普通の人の前ではどちらかといえば寡黙です。しかし、本当は伝えたい体験、話したい思い、そして表現したい数学をたくさん持っています。

ずっと過去から現在までに、京都という古都で暮らし、京都大学数理解析研究所という同じ場所で人生を交差させた多くの数学者たちの話を、私はじっくりと聞いたり読んだりしました。会ったことのない過去の人、ずっと会っていないけれど忘れられない人、顔を合わせれば楽しい話に花を咲かせてくれる人……みんな数学をする人びとです。

どうぞ、その話をゆっくりと聞いてください。

第〇章

その誕生

第一景――静寂のキャンパス

古都、京都。東大路を南から北へ上がって今出川通を右折、学生で賑わう百万遍の交差点を東に進もう。学生向け定食屋やレンガ造りのファサードを持つ老舗コーヒーショップの前を過ぎて歩こう。京大北部キャンパスの前をもう少し行くと、左手の並木道の向こうに、農学部正門が見えるだろう。一九二四年（大正十三年）につくられたドイツ分離派様式の香りを持つ小さな「名建築」である。それをくぐり、キャンパス内の道をさらに進もう。

京都大学北部キャンパスの農学部正門前並木道

京都大学数理解析研究所

研究所の入り口

右には理学部植物園の入口がある。その奥にはちょっとした雑木林がそのまま残るのだが、それを後ろに控えて、ニッポン数学のシンボルともいえる京都大学数理解析研究所がある。

訪れたのは、暑く長い夏がやっと一段落した九月。研究所の前で立ち止まってみる。まだセミの声が残っているが、それ以外の音はほとんど聞こえない。静かなキャンパスである。ゆっくりと入り口の白い階段を登り、自動で開くガラス戸を過ぎると、さらに静寂な世界が待っていた。

少し声がすると思って見ると、それは所員と学生の静かな議論であったり、一階の講演室での研究集会の発表であったりする。一階のロビー、あるいは二階の談話室で紙コップのお茶をすすりながらゆっくりと議論をする研究者たちの姿も見えるだろう。

数学を専門に扱っている研究所というのは、日本でも片手で数えられるほどもない。その中で、ここ、数理解析研究所は全国の数学者のあこがれの存在である。定員内の教職員五十五人、学生三十五人プラスアルファという小世帯だが、世界でトップクラスの業績を生み続けている場所だ。

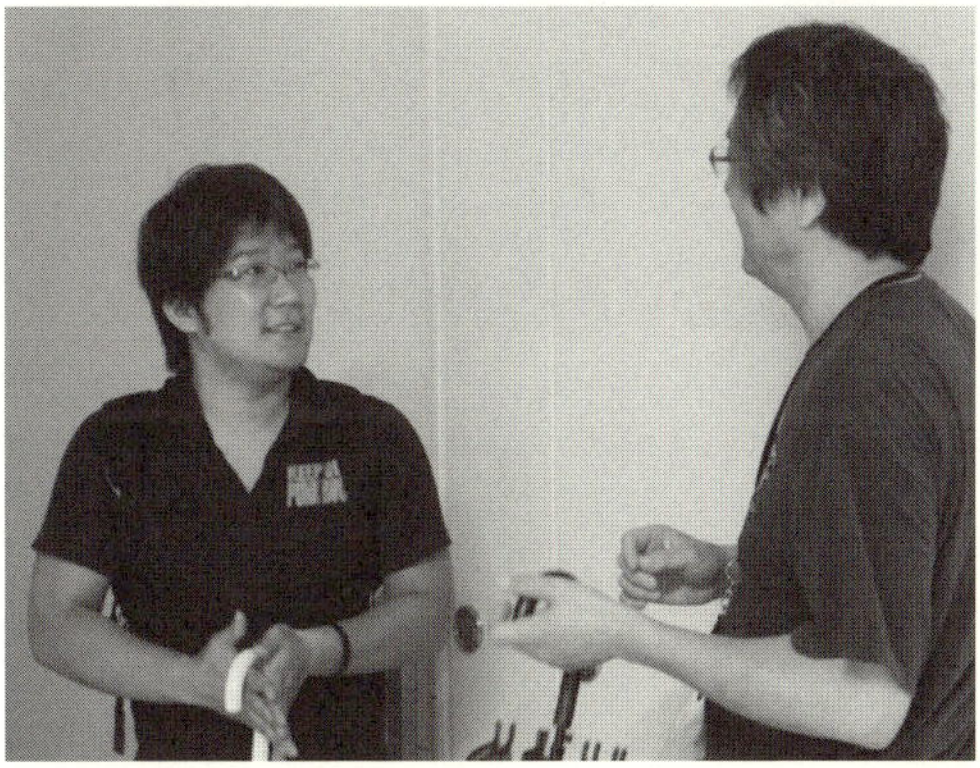

あちこちに見られる議論風景。お互い、にこやかだが、議論は真摯である。

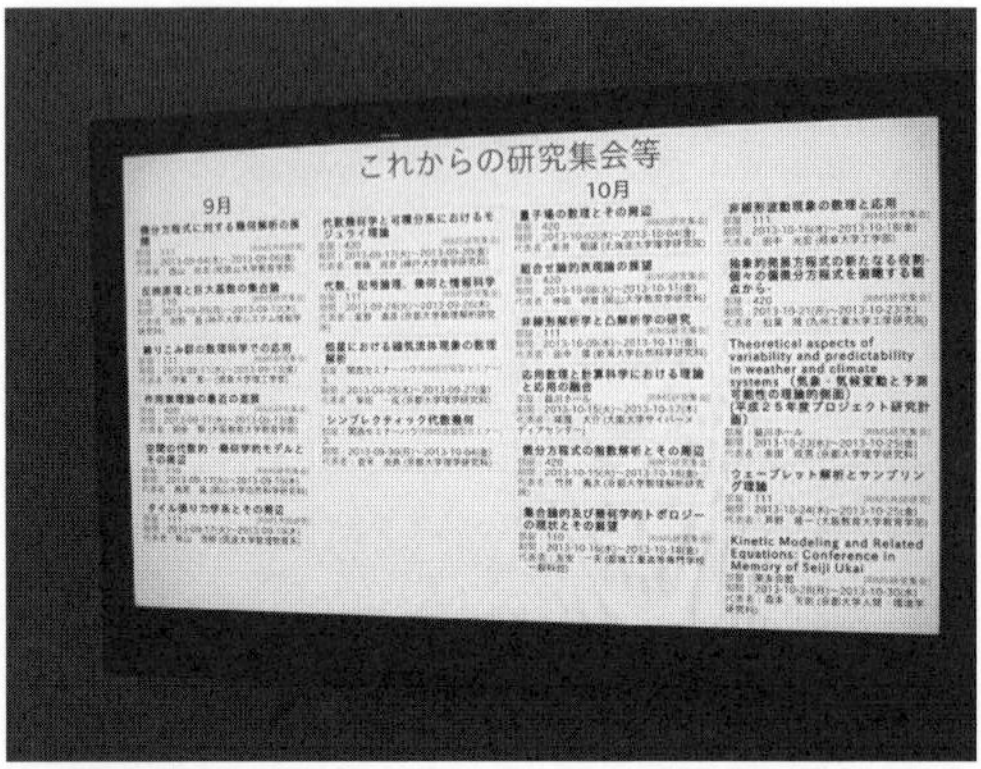

1階に表示された研究集会のリスト

4階大講演室では多くの研究者が参加して研究集会が開かれていた。
この日は「非線形離散可積分系の新展開」がテーマである。

夏、研究者たちの手のあく時期であっても、ここで開かれる研究集会は途切れることがない。酷暑の七、八月にも、非可換代数幾何学、力学系・エントロピー・半代数的集合、流体と気体の数学解析、ジオメトリック・グループ・セオリー（幾何学的群論）、偏微分方程式、多重ゼータ値の諸相、超弦理論・表現論……と十一もの研究集会がひしめき合った。応用的なものもあれば、ほんとうに純粋な数学もある。続く九、十月もかきいれどきで、掲示には全部で二十一もの研究集会の名前がずらりと並んでいる。一年中その状況は変わらない。年間にすればざっと八十件以上の研究集会が開催され、合計四千人を超える数学研究者が、京都のこの場所を訪れるのだ。

この日も二つの研究会が開かれていた。「非線形離散可積分系の新展開」と「微分方程式に対する幾何解析の展開」だ。どちらも最先端の話題だ。その一つをのぞいてみよう。数理解析研四階の大講演室では、何人もの人がじっくりと講師の話を聴いている。一つの話が五十分、それが午前、午後にいくつも並んでいる。研究集会は英語で行われることも多い。長期あるいは短期に、米国、欧州、アジアなど世界各国から研究者がやってきて研究集会に参加することも多いからだ。数学の英語はそんなに難しくはない。専門用語は多くても言い回しは決まりきっている。むしろその数学がわかるかどうかのほうがずっと難しい。

数学の講演が、他の領域と大きく異なるのは、黒板を使ってチョークで数式を書きながら話す場合が多いことだ。

「Kを体とします……」。定義から始まり、数式を導入し、そして「Theorem（定理）……」と書き始め、その下にしっかり強調の下線を引くときの誇らしさ。自分が世界で初めて証明した「私の定理」である。それこそ、数学者ならでは、の喜びの瞬間だ。

所員の部屋の片方の壁も全面黒板である（もう片方は書籍で埋まっている）。数式を書き下ろす日本のチョークは書き味がよく「品質は世界最高」という評判を数学者からよく聞く。「京大の数理研で使われているチョークを使うと、間違った定理を書くことができない」という「都市伝説」さえあるそうだ。その真偽はさておき、帰りがけの外国研究者のスーツケースの空きには、お土産として買ったチョークがいっぱい詰め込んであるのがよくある風景だという。

講演室を出て、廊下を歩いてみよう。階段を登って、二階、三階、四階……。静かに、静かにしなければいけない。大きな声を出している人は一人もいない。各部屋は人がいるのか、いないのかわからないほどの静けさである。廊下で人とすれ違うのも稀である。研究所の中に無数にあるのは、静寂なのである。

所員たちはそれぞれの研究スタイルを持っている。誰かの指図

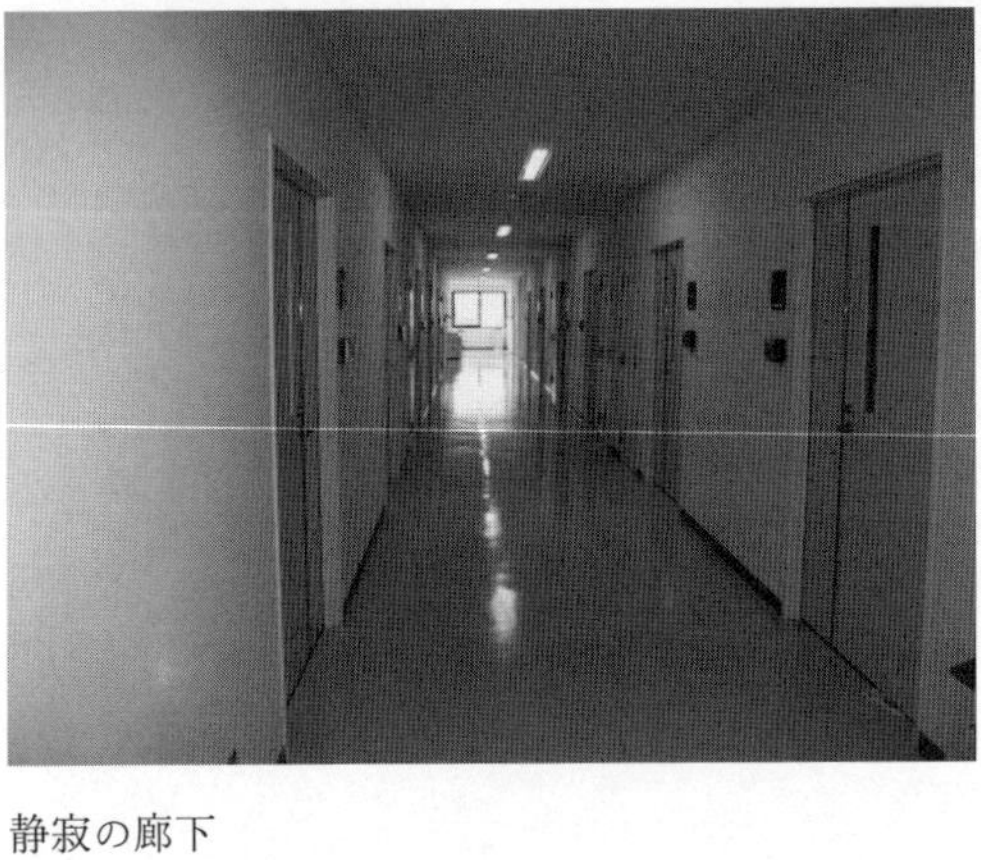

静寂の廊下

で研究をしているわけではないのだ。研究する時間も場所も方法もそれぞれのスタイルによってさまざまである。じっと部屋で思索を続けている人もいる、散歩しながら考えるという人だって珍しくない。しかし、誰もが、自分の数学を考える、ひたすら考えているのである。研究集会を目に見える「陽」の姿とすれば、人の目から離れて考える所員は「陰」の姿を示している。

数学者という人々には、何が必要だろうか。紙？　えんぴつ？　黒板とチョーク？　コンピュータ？　……そう、そのどれも必要だが、数学者のもっとも欲しいものは静かなたっぷりとした時間、だれにも何にも邪魔されずに、数学に思索を巡らせる時間である。それは、この研究所ができた五十年前から変わらないことなのである。

コンピュータの画面を見ながらも、数学者は考えている。部屋の向こうの窓の外は理学部附属の植物園。

第二景——「数理科学」が立ち上がるとき

基礎科学に目が向いた

第二次世界大戦の惨めな敗戦から十年たったころ、朝鮮戦争や連合国との講和条約締結もやっと済んだ一九五〇年代後半は、戦争で荒れ果てた日本の文化がようやく復活の芽をふきかけたころであった。科学も例外ではない。一九四九年に設立された「学者の国会」日本学術会議の活動もやっと軌道に乗り、基礎科学にも目が向けられるようになったのはこのころである。

日本学術会議が発足時に出した第一号の声明には「日本学術会議の発足にあたって科学者としての決意表明」というタイトルがつけられ、「科学が文化国家ないし平和国家の基礎であるという確信」ということばに続いて、同会議の目的が「行政、産業及び国民生活に科学を反映浸透させること」である、とはっきり言明している。この「科学」は、人文・自然の両方とされるが、そのたった「二文字」にいかに希望を持っていたかを見せてくれる声明であった。

その日本学術会議が、一九五七年一月、茅誠司《かや》会長の名前で「基礎科学の研究体制確立について」という要望を当時の首相、石橋湛山《たんざん》に提出した。これはその後の科学のあり方の基本となる。五つの要項がその骨格であった。

第一要綱　研究施設、研究要因、研究費に関しては、一般水準向上の要望が満足されなければならない。とくに大学における基礎科学の講座充実を図らなければならない。
第二要綱 共同研究の体制は、基礎科学進歩のために必要欠くことができないものであるから、研究グループの組織を促進し、研究センターの設置を図るべきである。
第三要綱 流動研究員制度を導入すべきである。
第四要綱 日本学術会議のなかにおいて、国内の研究連絡を図り、各専門分野の交流をよくし、また上述の流動研究員制度、研究グループ、研究センターの運営について、各専門分野ごとに常時調査し、学界の自主性において基礎科学研究の長期計画を検討するため、研究連絡委員会の拡充、強化することについて考慮すること。
第五要綱 現在各省には、その業務上、強力な基礎科学の調査あるいは研究の組織を持つものが少なくない。これらの資料が現在以上に総合的に活用されるならば、基礎科学の進歩に大きく寄与するところが極めて大きいと考えられる。関係各官庁がこの点に協力されることを要望するとともに、これらの研究あるいは調査が全国的な研究体制によって計画的に遂行されることも一層望ましい。

この案を進めたのは九州大学の数理統計学者、北川敏男だったという。要するに、基礎科学を振興するために、橋頭堡《きょうとうほ》となる拠点を作るとともに流動的な人員配置で「共同研究」という体制を作っていけ、ということだ。基礎科学とはなにか、という定義はないけれども、それは国の将来に重大であるとして、国民全体の認識を得ながら予算を具体化し、各学界の協力も求めようとしている。

こういうとき、自然科学の最も基礎を担っていると自負する物理学の研究者たちは行動が速い。一九四九年、湯川秀樹がノーベル物理学賞を受賞したのをうけ、学術会議は翌年、その記念事業を申し入れた。これは京都大湯川記念館(五二年設立)とそこから発展した京都大基礎物理学研究所(五三年設立)に結びつく。後者は「全国共同利用研究所」という仕組みの発端であった。さらに五三年には原子核研究所の設立を申し入れ(五五年実現)、五六年には物性物理学研究所の設置を要望(五七年実現)している。物理の研究者は、共同のプロジェクトに慣れているからなのか。あるいは、同時期にあった国家的な原子力施設導入も背景にあったのかもしれない。しかし、その他の分野が同様の研究体制を作ろうと腰を上げる様子は、ゆっくりしていた。数学界もそののんびりとしていた分野の一つだったと、一見思われた。

応用を主とした数学研究所を

学術会議が「数理科学研究所の設立について」という要望を、時の科学技術庁長官正力松太郎に出したのは一九五八年五月三十日付だった。他の施設の要望文に比べると、この要望は遥かに長大でずっと具体的な内容であったことは読むものの目を引く。確かに仔細に読んでみると、この要望に関して関係者は相当に周到な議論をしていたことを感じさせる。数学界は、確かに遅くはあったが、決してのんびりとはしていなかったのである。

実は、その前年五月、学術会議第四期発足とほぼ同時に、「学術会議数学研究連絡委員会応用数学小委員会」ができていた。仕掛け人は数研連委員長を勤めていた東京大学数学教室の彌永《いやなが》昌吉であった。そこから数学界の動きは始まっていたのである。

彌永は当時のことをこのように回想している。

「……数学関係の研究所は一九四四年にできた統計数理研究所だけでした。物理関係では、湯川さんのノーベル賞受賞を記念して一九五三年設立された京大の基礎物理学研究所……などたくさんありました。……数学の研究所は物理の研究所ほどお金もかからないでしょうし、数学の重要性や日本の数学の世界における地位からみても、日本にもうひとつぐらい国立の数学の研究所があるべきではないかと私は考えました」「ただ、一九五五年のシンポジウムの募金にまわったときなどに感じましたのは、純粋数学の重要性を社会の人一般に理解してもらうのが困難なことでした」（『数学』所収、彌永昌吉「戦後日本の数学の発展——私の思い出」から）。

彌永の「情勢」認識では、「日本において数学の研究は盛んである

彌永昌吉

が、純粋、応用の連絡交流がよくないこと、特に計算機の研究、計算機を使ってする研究をこれから盛んにしなければならないこと」を以前から感じていた、というのである。これを打開するには、ズバリ、「応用数学研究所」を作るのがよいのではないか、というのが、小委員会の目的であった。彌永の目配りは、純粋数学にとどまらず、周辺の分野にも届いていた。

だから、小委員会の人選も周到である。数学から七人はいいとして、天文学、物理学、地球物理学などの理学系に加え、工学、経済学などからも人を入れて全部で三十四人ものメンバーになったという。ちょっと見てみよう。数学からは彌永、秋月《あきづき》康夫、福原満洲雄《ますお》、吉田耕作、末綱恕一《すえつなじょいち》、南雲道夫、北川敏男ら、物理学からは高橋秀俊、今井功《いさお》、小谷正雄、山内恭彦《やまのうちたかひこ》ら、天文学からは萩原雄祐《ゆうすけ》、工学からは森口繁一、山内二郎、河田《かわた》龍夫ら、経済学からは山田勇、ちょっと変わったところでは気象研究所に勤めていた数理統計学者の増山元三郎《もとさぶろう》、といった顔ぶれである。そうそうたる面々というべきであろう。

彼らは、応用数学研究所設立について約一年、二十回ほど論議を重ねた。そこで強く主張されたのは「応用ということばは『既成の応用』というニュアンスが強く、数学側からも応用する側からも魅力がない」という意見であったようだ。「応用数学」ということばは小委員会での審議中に出てきた「数理科学」という新しい魅力ある言葉に置き換えられた。数理科学とは、応用ばかりではなく、純粋数学をその中核として含むというつもりであった。そして出来上がったのが、「数理科学研究所の設立について」という「要望」である。

「要望」の中で研究所設立の目的として、次の三点が挙げられた。

（1）数学および自然科学・産業技術諸部面への応用に関する研究を、総合的組織的に行い、またその研究者を養成すること。

（2）高速度計算施設をおき、大規模の数値計算を可能ならしめるとともに、各種計算機構ならびにそれによる計算法を研究し、またその技術者を養成すること。

（3）大学・研究者等の求めに応じ、数学的諸問題の解決に協力すること。

応用に相当程度、重点を置けというニュアンスである。提案された具体的な組織「七領域二十三研究部門＋数値計算部四課」を見てもそれはわかる。こんな具合なのだ。

Ⅰ　**基礎数学（四）**　数理論理学／代数学整数論／幾何学／函数論

Ⅱ　**位相解析（三）**　位相線形空間・作用素論／超函数・演算子法／近似理論

Ⅲ　**函数方程式（三）**　常微分方程式／偏微分方程式／積分方程式・差分方程式・差分微分方程式

Ⅳ　**応用解析学（五）**　波動現象／連続物体の力学／非線形の問題／応用位相解析／回路論・

自動制御理論

Ⅴ　応用確率論（三）　確率過程／情報理論・時系列論／推測過程論

Ⅵ　計画数学（三）　線形計画法／実験計画法／方策決定理論

Ⅶ　計算数学（二）　数値解析／計算機構の理論的研究

・**数値計算部（四課）**　科学計算課／産業計算課／アナログ計算課／数表課

要求した人員は教授二十四人、助教授二十七人、助手八十五人など合計二六〇人という大所帯である。全体を支える基礎数学の講座はあるものの、応用と馴染みやすい解析学関連の講座を厚くし、物理数学、工業数学、オペレーションズ・リサーチ分野に至るまで応用に目を配った、なんとも盛り沢山なラインナップだ。計算機・計算数学に力を入れているのも目立つ。

このような要望を作った詳しい理由が一ページ分、添えられているので、それを見ておこう。

・純粋数学と応用数学がますます接近し、応用の部面はますます拡大しつつある。

・高速度計算機構の発達が大きな変革をもたらしつつある。かつては不可能だった大規模計算ができるようになったため、理論上も応用上も一大転機が訪れている。

・計算機構、計算法の研究が急務であり、計算技術者の養成、彼らが知識・経験を交換する計算センターが必要である。

・純粋数学、応用数学の協力研究を密にするため、協同体の形成、共通問題の合同討議が必要である。
・計算センターとしての役割を果たす高速度計算施設を持つことが必要。
・数理科学の総合的・組織的研究が行われ、計算センターの機能を持つ研究所は大学や（他）研究所から提出される数学的諸問題解決にも有効に協力でき、我が国の学問水準の向上、科学技術の自主的発展の基盤を築くことが期待される。

数学の応用、その中でも「計算機とその応用」への認識が相当重いことがわかる（第六章コラム参照）。このような理想案（！）がどのように扱われていくか、そして結果としてどういうものができたのか、という状況をこれから見よう。

総合研究「数理科学」で地ならし

学術会議の「要望」を受け、政府はこの問題を当初科学技術庁で検討させ、その結果、文部省で扱うことになる。そのときの科学技術庁の検討では

① 新研究所と文部省管轄の統計数理研究所との関係
② 研究所運営に当たっての各省庁関係機関との連絡

③　通産省・民間で具体化しつつある計算センターを踏まえ原案計画の縮小・整理

という三点が指摘されたという。①の統計数理研究所との関係は最後まで響く。

文部省は、国立大学研究所協議会の下に当該研究所設立に関する調査委員会をもうけるなど、数理科学研究の重要性に理解は示したものの、五九年度は先に設立された東京大学物性研究所などの完成がある、などの理由で、数理科学研究所関係の予算は概算要求に入れなかった。そこで、彌永らの小委員会はこう考えた（数理科学懇談会『数理科学ニュース』一号所収の「数理科学懇談会成立の経過と今後の見通し」から）。

・研究所が日本の実情に最も適した形になるよう、努力を続けなければならない。

・研究所の具体案はまだない。要望では「全国共同利用」とうたっているが、その意味は十分に明らかにされていない。

・文部省は、科学研究費による数理科学の総合研究で研究所の重要性を明らかにしては、といっているので小委員会中心にその計画をたてるべきだ。

・小委員会だけでは、意見交換に十分でない。懇談会というようなものを作らないといけない。

なかなか戦略として慎重に考えている。「数理科学の総合研究」は五九年度に四百万円の科学研究費予算を受け取り、全国の研究者を横断した形で活動を始めた。以下の六つの班である（カッコ内は研究分担者）。「要望」で示された研究領域はすべて入っている。

Ⅰ　数理科学の方法論的研究（秋月康夫）
Ⅱ　物理数学の近代解析的研究（南雲道夫）
Ⅲ　非線型問題（福原満洲雄）
Ⅳ　計算機のプログラミング（山内二郎）
Ⅴ　制御過程の基礎理論（北川敏男）
Ⅵ　Queue（待ち行列）およびゲームの理論（河田龍夫）

数学者だけでなく、理学部系の数学ユーザー、工学部系の応用数学者など全国の「数理科学」研究者を総動員した形である。数理科学ということばの語感もよかったのであろう。小委員会の名称も応用数学から数理科学に変更された。

この研究班の横のつながりを確保し、しかも研究所設立の機運を上げようというのが「数理科学懇談会」の目的であった。その機関誌として五九年四月に季刊『数理科学ニュース』が発刊されたのである。これがその後の議論の風通しの良さを生む一つの要因であった。事務局の初代担当は当時、東大理学部数学教室の助手を勤めていた佐藤幹夫であった。

『数理科学ニュース』は一九六二年十二月まで発行された。各分野の報告や主要な人々の対談など当時の情報を大量に掲載していて興味は尽きるところがない。ちなみに、一九六三年、数理解析研究所が設立されたとき、『ニュース』は、ダイヤモンド社発行の月刊誌『数理科学』（現在はサイエンス社発行）へと発展解消、今も続いているのは素晴らしいことである。

数理科学研究所をめぐる議論における風通しの良さを感じさせるエピソードをもう一つ紹介しておこう。伝説の存在「新数学人集団」（略称SSS《エスエスエス》）の発行した『数学の歩み』（第八巻第二号、一九六〇年）における十六ページにわたる「数理研問題特集」である。新数学人集団は、清水達雄、谷山豊、杉浦光夫、倉田令二朗ら先鋭的な若手数学者の集まりであった。

まず、新数学人集団名義の「新研究所に関する要望」を見よう。ここには研究所プロジェクトに対する若手数学人の主張がコンパクトに含まれている、要望は五つにまとめられていた。

1）研究が名称や講座の枠にとらわれずに自由に行われること。
2）全国共同利用という特性が活かされる運営を。特に流動研究員の増員を。
3）実際の研究者の意向が人事・運営に反映される機構を作ること。
4）深い研究を行う熱意と能力を持ち全国共同利用に理解を持つ人材を集めよ。

5）共同利用にはできるだけ広範囲のテーマを取り上げよ。数学全般は困難だろうから適当な対策を。

さらに人事問題にも注文をつける。

A）助手以上の全員でつくる所員会議を。
B）研究所運営委員会、共同利用運営・企画委員会を関心を持つものによる選挙で選べ。
C）人事、運営の重要問題は所員会議、運営委員会で決めよ。
D）人事はすべて公募とし公表せよ。
E）他大学との兼任は認めない。

いわゆる「民主的・合理的な運営を」というわけである。

これらの若手に対して、対応していたのは秋月康夫であった。八月に有志と会い、また十月の数学会開催のおりに開かれた懇談会でも説明をしている。秋月は交渉の経緯を明らかにした上で率直に話しているのである。

「第一の希望としては、委員会が独走しないこと、会員の意見を常に求め、経過はよく公表することであった……これに対して、主旨に沿うて行動することを原則とする。しかしある種の事柄に関しては、委員会に一任していただかねばならぬ……委員会の手落の点は将来もよく忠告して頂きたい旨、秋月よりお願いした」

「第二は、研究所の運営を全国共同利用の線に沿うて民主的に運営していくことの具体案如何《いかん》ということであった……現在の基礎物理（学）研究所の組織に大体準じていく……選挙の母体はどうするかということになったが、これに対しては数学会だけで定められないこと（物理や、工学方面の関連もあることとゆえ）で、これから考えねばならぬ所であると答えた……数理科学懇談会を足場にしてはとの意見など出たが、これは宿題にすることになった」（『数理科学ニュース』No.7「数理解析研究所設立についての懇談会」から）

たとえば「流動研究員」についても「それに追い回されて研究所プロパーの所員の研究が阻害されないか」「局地的な研究を圧迫しないでそれを助長する方式を考えるべき」などの議論も出て、秋月はそれに大いに耳を傾けたのであった。こういう指摘は今でも耳を傾ける価値があると思える。

秋月康夫
（数学セミナー編集部撮影）

●コラム…………………

基礎と応用のせめぎあい

これまでに見たように、新研究所の特色は応用に力を入れたことにある。しかし、それだけに終わっていない。そこにどう基礎的数学、あるいは純粋数学を参加させていくか、ということについては、熱く議論されたようだ。『数理科学ニュース』には基礎と応用のせめぎあいを示す発言がいくつも掲載されている。「語録」を抜粋して紹介しておきたい。

彌永昌吉「まず考うべきことは、この〝総合研究〟の目的である〝数理科学の部門間の連絡交流〟を各部門自身の研究を深めることとともにどのようにして実現させるか、ということである……しかし、他との〝協力〟ばかりに追われて、自分自身の研究ができなくなってはいけないということもある……研究を深めることと、広い範囲の人と協力することは本来矛盾することではないはずである。むしろ深い研究であってこそ広い範囲に役立てられ、また広視野のもとにこそ深い研究ができるということもある。数理科学の研究が〝深く、また広く〟進められることを〝総合研究〟の目標としたい」(一号から)

秋月康夫「純粋数学のための純粋数学というモットーじゃなくて、やはり広いサイエンスとの関係における純粋数学と考えればいいんじゃないでしょうか……数学的に気持ちの悪い所をそのまま押し通してゆく……という風なところもあっていいんでしょうけれども、数学者としてはやはり気持ちの悪いところを取り除いていく——それが一番大事な点ではないかと思います」「そういう(具体的な)問題から今度は逆に、本当の数学の問題をつかみたいという希望をもっている人もあろうかと思います」(二号、山内恭彦との対話から)

倉西正武「現実には何をするのかという点ではっきりしないことがある……」

秋月康夫「数学者として活動すればよいと思う。応用をあまり気にすることはない」

山内恭彦「……応用できそうかどうかは、こちらとして考えてみるわけである。自分の感じでは何だか応用が利きそうに思っている」（三号、倉西・秋月・山内の「対談」から）

村田健郎《けんろう》（東大工、ＴＡＣプロジェクト＝第六章コラム参照＝に参加）「今まで連絡の不十分であった基礎・理論・応用の諸部門が一緒になってここで研究しようというのは、この研究所の趣旨になっているようである……理論を応用する立場から、この研究所に優秀な数学者が集められることに大大きな期待がもたれる。私自身数学出身の者で、ＴＡＣの設計完成にも数学の知識を役立てることができたが、今までわが国では電子計算機の研究者と数学者の協力体制ができていなかったと思う。この研究所でその体制が作られることを期待する。それは今後の優秀な計算機の設計・生産のために重要な契機となるであろう」（三号、「電子計算機の研究について」から）

山内恭彦「いろいろお話を伺っていると、計算機というのはむしろずい分基礎数学と関係があるようですね……」
高橋秀俊「そうですね。計算機の金物の設計とか、通信の方でいう……まちがっているところを自動的に訂正する方法の理論などにも整数論が必要になってきます。それから代数の群論とか環論とかが役に立つんです」

森口繁一「やっぱり『数理科学』でゆかないといけない」（五号、山内・高橋・森口の「対談」から）

吉田耕作「……今まで日本の純粋数学は進んでいるのに、あまり役に立たなかったといわれるのは、数学の幅が狭かったからではないですか。研究所ができれば、日本の数学の幅が本格的に拡げられる。遠い将来のことを考えればそれがどれだけ役に立つことになるか測り知れないと思います」

古屋茂「……今まで三年間この総合研究をやって来たうち、吉田先生のいわれたとおり、数学でも得をした。純粋数学にとじこもっていたらできなかったことが、今度できたわけです。数学者は純粋なもの、というようには考えないでいただきたい。（笑）」

山内恭彦「……今までの数学と物理の間には、やはりギャップがあった。数学は数学、物理は物理としてそれぞれ研究を進めていたが、その間にどちらからも手を出さないところがあった……研究所ができるようになったらそのギャップのところまで、数学の方から進出してほしい」

友近晋《すすむ》「ギャップができたことに対しては、応用の方にも責任がある。問題を提出すればよかったのだが……」

吉田「いや、数学の方でもなまけていたわけですから……（笑）……」

（十号、京大研究者との「対談」から）

縮小案、妥協案……

しかし、周囲の反応は先の理想をすんなりと認めるわけではなかった。最初の案は、その後、二次、三次案を経て縮小され、一九六三年にやっと京都大学数理解析研究所の設立に漕ぎ着けることになる。

一九五八年十月の小委員会では、「統計数理研究所とは性格が違い、共存共栄」との意見が強く計画縮小の方向はなかったようだが、文部省の調査委員会の意向（先の科学技術庁の検討とそう変わらないと見られる）が重視され、翌年の小委員会は「十五部門[*]＋計算機室」という最初よりも縮小された第二次案を出した。ここで、要望にあった計算センターとしての役割はほぼ消え、研究部門を支えるための計算機業務だけとされた（後にはプログラミング研究の拠点ともなるのだが）。

＊　十五部門は、代数、位相、測度、作用素論、近似理論、微分方程式、積分方程式、非線型問題、最適化問題、量子力学、連続物体の力学、情報理論、サイバネティックス、数値解析、計算機構論（『京都大学百年史』による）。

総合研究の盛り上がり、数学（数理科学）の重要性の広い層での認識から、六〇年には、研究所実現はほぼ動かないところまで来た。解決すべき点が二つ残った。一つ目は統計数理研究所との折り合い、二つ目はどこに作るか、であった。

二十世紀以後、英国などで発達した統計学の進歩を取り入れようと、学術研究会議の建議のもと、一九四四年に統計数理研究所が文部省管轄の研究所として設立されていた。応用を主眼としていたところに一つの特徴があった。当時の所長は東大教授も兼任していた末綱恕一であったが、確率論あるいは統計学の研究をめぐって新しい研究所との「調整」は後まで続くことになるのである。

研究所を附置する大学もなかなか決まらなかった。ずっと候補に考えられてきた東大は核研、物性研がすでに設立され、海洋研の話も浮かび上がっていて、どうやら新設の意向はないらしいとされた。大阪大は蛋白研が発足していた。京大は基礎物理学研究所がすでに設立されていたが、「数学と関係が深い」「共同利用の参考にもなる」と、一九六〇年六月、秋月に打診を任すことになった。このころから長期の予定で、欧州と米国の数理科学研究などを視察する旅に出ていた彌永の「代打」であった。

ところが、秋月の打診に対する京大の反応は芳しくなかったのである。秋月によると、工学系の発言権を要求する声が強い一方で、大学自治を主張して学外の強権力を好まないという空気も感じた、という。秋月はあきらめて帰京した。自分と関係の深い東京教育大学も胸のうちにあった。しかし、東京でまたひっくり返った。七月の小委員会で報告したところ「委員会できまったことを委員長一人でひっくり返してくるとはけしからん。京大案を捨てるのは越権行為」とまでいわれた。折から出席していた数研連委員長の正田建次郎のことばもあり、「京大とはなんら正式交渉をしていないのだから、その正式回答を待つべき」となった。十日後、秋月は正田とともに京大の平澤興《こう》総長を訪問、研究所附置の要望をおこなった。八月、京大は基礎物理学研究所と同様の共同利用研究所設立に同意すると言明した。これで基本的には設置の方針が落ち着いたことになった。

一方、統計数理研究所とのすり合わせはなかなか進まなかった。秋月の思いは「統計数理研の重点は実際部面への応用……これに反して新研究所は勿論応用方面を扱うが、それだけでなく数学的に深め理論への芽を求めるものである。病院と基礎医学の差がある……」（『数理科学ニュース』七号）ということであったのだが、七月に秋月、山内恭彦、福原が末綱所長を訪問して話し合った際、末綱は「数理科学」の文字の示す「範囲」が広すぎるとして、それが研究所名に入ることにこだわった。確率と統計という分野の重複にも賛成しなかったと見られる。このため、小委員会は、名称を「数理科学研究所」から「数理解析研究所」に改め、さらに八月には「確率と統計」に関係のある部門とオペレーションズ・リサーチ関連の部門を除き、基礎部門も整理した「九部門＋計算機室」という第三次縮小案を用意して統計数理研究所に了解してもらい、文部省内の調査委員会に提出した。統計数理研究所と数理解析研究所の関係については、最終的に正田と末綱が大蔵省に説明、そこで決着したと見られる。

京大との最終交渉はさらに続き、京大学内委員会と数研連の予備会談を経て、翌一九六一年四月に、ようやく双方の了解となった。さらに予算の概算要求、その認可をめぐる財務当局などとのすったもんだが六二年までもつれ込むのだが、それには触れないことにしよう。六二年十二月、二研究部門の予算が認められ、六三年四月の正式発足が決まる。とにかく、新しい研究所の出発において、調整作業はなかなか大変だった。

第三景──出発点に立って

「初め」を支えた人々

一九六三年四月一日、京都大学数理解析研究所が発足した。所長はまだ正式に決まっておらず、平澤興総長を所長事務取扱としていた。建物もまだなかった。だから、派手な発足式もなかっただろう。

五月には福原満洲雄が東大教授を併任したまま所長に任命された。所長選任は少し時間がかかった。数研連委員長の正田建次郎と東大数学教室の福原・菅原正夫との間に、研究所設立を優先するか、あるいは既存の大学数学教室を「倍増」するか、という意見の相違があった。なかなか妥協点を見つけられなかったのだが、ラッキーなことに折からの経済の高度成長は両路線とも実現させた。たとえば、文部省は一九六一年から四年間で理工系の学生を二万人増員する計画を立てたのである。

研究所設立が本決まりになった六三年三月、設置準備委員会で正田が「福原を所長に」と同意を求めた。福原によれば「好むところではなかったが、あまりに時間的余裕がなかったので、大局的見地から受諾した」のだという（『数学』所収、福原満洲雄「数理解析研究所ができるまで」）。福原の専門は微分方程式論で応用にも明るく適任だったと思われる。

初年度はまだ建物もなく、工学部土木学教室の一部などに間借りする状態だったが、とにかく作用素論と基礎数学Ⅰの二研究部門が開設されて活動が始まった。翌年五月に研究棟第一期工事が完了して形がついた。さらに毎年二研究部門の開設が続き、研究棟工事も六八年度の第四期工事まで行われ、六年間を経て、地下一階地上四階延べ面積三九一九平方メートルの建物と九研究部門＋電子計算室（職員七十人）を擁する研究所が完成した。

ここで、研究分野の概要と、最初期に数理解析研究所の研究を立ち上げた所員たちを紹介しておこう。そもそもどういう人材を採用し、どういう研究を進めていくのかという数理解析研究所の「経営哲学」にも関係することがらとも見えるのだ。（部門設立の順番、担当者は部門設立時）

作用素論（関数解析の基礎としての作用素論の研究）

福原満洲雄（初代所長、東大教授兼任）

常微分方程式論を広く研究しこの分野の開拓者ともいわれ、九州大、東大で多くの弟子を育てた。存在定理や不動点定理という基礎から近似理論という応用まで扱った。

基礎数学Ⅰ（基礎数学のうち、代数学と関係する事項を他の部門との関連を目的として研究）

中野茂男

複素多様体の解析的研究、特に調和積分論を専門とした。秋月康夫の愛弟子の一人。『代数幾何学入門』などの数学書のほか、一般向きに『現代数学への道』を書いている。

応用解析学Ⅰ（物理学や工学に現れる偏微分方程式の関数解析的方法による研究）

荒木不二洋《ふじひろ》

京大物理・湯川研究室出身で数理物理学を専攻した。場の理論の作用素環論的研究（第四章を参照）では世界に知られる。著書は『量子場の数理』など。所長を務める。

基礎数学Ⅱ（基礎数学のうち、幾何学と関係する事項を他の部門との関連を目的として研究）

島田信夫

名大教授から着任。小松醇郎《あつお》らと進めた代数的位相幾何学について京大理学部数学教室と協力し、ホモトピー論、一般コホモロジー論などに業績を上げた。所長を務める。

応用解析学Ⅱ（無限次元解析学という立場から量子力学、統計物理学の数学的基礎を研究）

伊藤清

確率過程論、確率解析で世界的業績を上げた（詳細は第五章参照）。当初、京大理学部と併任していたが六六年に研究所専任となる。外遊後、所長を務める。ガウス賞受賞。

非線型問題（物理学や工学に現れる非線型方程式の基礎理論を研究）

占部《うらべ》実

常微分方程式、非線型微分方程式の数値解法や誤差分布などを中心に広く研究した。非線型方程式の周期解の存在を数値計算で示すなどユニークな仕事で知られる。

数値解析（電子計算機によって行う数値計算のために必要な理論の研究）

高須達《たかすさとる》

プログラミング言語理論黎明期に、プログラムの仕様の問題や自動証明などについて、数理論理学的手法を通じた計算機科学の基礎的理論へ貢献した。所長を務める。

近似理論（物理学や工学に現れる方程式の近似解法の理論の研究）

松浦重武

京大物理出身。偏微分方程式の研究、特に代数幾何と関数解析の手法を用いて定数係数線型偏微分方程式系の解の構造を調べた業績は世界に知られる。

計算機構論（電子計算機をモデルとして、広義の計算機構一般の数学的理論の研究）

高須達（同上）

この研究分野の概要を見ると、数学の応用志向が強く出ている。その後、純粋数学として足元を固めていく作用素環論や確率論などもここでは応用志向でとらえられているといっていいだろう。一方で、線形計画法や最適化問題などを含むオペレーションズ・リサーチなど計算機関連科学を除いた応用数学系の分野は削られてしまった。五年前に数理科学研究所の設立を求めた「要望」や設立前に進められたプロジェクト「数理科学の総合研究」と比較すると、その後の数理解析研究所のいろいろな強さと弱さの要素がここに含まれていると見ることができるだろう。良くも悪くも原点はここなのである。もちろん、その後も「最高の数学研究所を目指す」べく、所長、所員の努力が続き、研究所は変貌を続けるのだが、それは後の章で詳しく述べたい。

もう一つ興味深いポイントを指摘して、出発点の紹介を終わろう。

先の紹介を注意深く読めば分かるように、各部門が目指すとされた研究内容概要は、必ずしもそこに着任した人の興味と正確に一致するとは限らない。最もそれが顕著なのは、伊藤清の場合であろう。文部省統計数理研究所との「研究内容」のすり合わせの際、「確率と統計」に関する部門は譲ったはずであった。しかし、京都にはあまりにもすごい人材がいた。ユニークな確率過程論を打ち立てた京大理学部教授の伊藤であった。伊藤は一九六四年八月に米国から帰国したばかりだったが、研究所設立前には学術会議小委員会の委員を務め、設立決定後は京大学内委員会にも参加し、研究所に深い関心をずっと持ち続けていた。そこで、理学部と研究所の併任ということになったが、六六年四月、研究所専任となる。

残念なことに、伊藤は着任からわずか一年半で海外へ赴任してしまうのだが、人事に関しては、興味深い「伝統」を数理解析研究所に植えつけたのかもしれない。それは、数学に関してトップの人材がいるならば、採用に関し組織として柔軟に対応することである。このような柔軟な人事は、学生を系統的に教える学部のように教育的必要性からすべての分野をセットとして揃えておかなくてもよい「研究所」の特色なのである。これが、後に素晴らしい人材を何回も得ることができた京都大数理解析研究所の強みであった。

◉参考文献と読書案内……………

・京都大数理解析研究所については、ホームページ（http://www.kurims.kyoto-u.ac.jp/ja/）を見てほしい。一般の人にわかりやすい講座として、「数学入門公開講座」が夏に開催されているが、その講義ノートもここに公開されている。最先端の数学研究の一端が味わえる。

・京都大学の歴史については、『京都大学百年史』が便利だ。部局史編3の「第25章　数理解析研究所」を参考にした。これも京大学術情報リポジトリ「紅」（http://repository.kulib.kyoto-u.ac.jp/dspace/）で公開されている。

・数理科学懇談会の『数理科学ニュース』は全十三号が東京大学大学院数理科学研究科の図書室に所蔵されている。新数学人集団の『数学の歩み』も同図書室にあった。

・一九八〇年までの一般的な日本近現代の数学史については『日本の数学100年史』（上下、岩波書店、一九八四年）が参考になる。

・日本学術会議の出した提言、報告、要望、勧告などは同会議のホームページ（http://www.scj.go.jp/）を探してほしい。年別のインデックスが便利だ。

・日本数学会の『数学』にも、彌永昌吉へのインタビュー、福原満洲雄・初代所長の「数理解析研究所ができるまで」、荒木不二洋・元所長の「数理解析20年」（研究所創立二十年の報告）など興味深い記事が見つかる。

第一章

革命児

日本でもっとも独特な数学者といわれる佐藤幹夫。数学や物理の世界から、誰にも見えなかった問題を取り出し、その深遠な背景と構造を見抜いて数学を創りあげ、人々を驚かせる。それが一回のみならず二回も三回もある。七〇年代から八〇年代の京都大学数理解析研究所では、「佐藤スクール」という強力な数学者集団が形成され、世界に通じる数学を創り続けた。日本の奇跡といってよい「革命児の数学」誕生の現場とはどんなものだったのか。

第一景―解析学の「革命宣言」

九年眠ったプログラム

一九六九年四月三日の午後、東京・大手町経団連会館の会議場で、佐藤超函数（英語ではハイパーファンクション）理論を作った佐藤幹夫が「ハイパーファンクションと偏微分方程式」と題して数百人の数学者を前に講演した。講演はタイトルのような平凡なものではなかった。自らのこれまでの成果をはるかに超え、数学、特に解析学の「革命宣言」ともなるべきものだった。中身は「層$\mathscr{C}$の理論」。その後、「超局所解析」と呼ばれるようになる新分野の嚆矢《こうし》であった。

舞台は開催中の「函数解析及び関連した問題についての国際会議」だった。外国からの出席者は十九か国約四十人、日本からは約三百人が集まった。四月一日に東大教授から京都大学数理解析研究所長に着任したばかりの吉田耕作が会長であったこの会議は、日本の数学者と国際数学連合（IMU）の共催で開かれた国際会議としては、あの伝説の「代数的整数論国際シンポジウム」（東京・日光）から十五年ぶりのことだった。世界から注目される会議でもある。関係した日本の数学者たちの肩には力が入っただろう。その会議で、吉田がもっとも期待したのが当時、東京大学教養学部の教授を勤めていた佐藤の講演だった。

「Mをn次元の実解析的多様体、Xをその複素化または複素近傍とし、$\mathcal{O}$をX上の正則関数のなす層としよう。定義により、M上のハイパーファンクションは……」と話は始まった。もう一つの超函数（ディストリビューション）を創始したローラン・シュワルツを座長として話す佐藤にとって、大勢の前でこの話題を取り上げるのはほぼ九年ぶりであった。九年間、ずっと佐藤の頭の中だけに存在し、発展し続けていた「革命のプログラム」が、このとき、ようやく世の中に現れたのである。

時をさかのぼろう。佐藤超函数を発表して二年後の一九六〇年六月二十四日、東京・本郷の東京大学数学教室で「大談話会」が開かれた。一人か二人のゲストを呼んで、最新の成果を話させようという集会で、年に二回しか開かれない。そのゲストの一人が、東大の助手から東京教育大の講師に移ったばかりの佐藤幹夫だった（ちなみに、もう一人は、現在プリンストン大学にいる、数論で名高い志村五郎だった）。

このときの記録が、東大数理科学図書館に保存された「金曜談話会ノート」第八巻の「1960. VI. 24　佐藤幹夫氏　線型偏微分方程式について」と題された八ページのノートに記されている（これは最近、数理解析研究所紀要『代数解析50周年』に掲載された）。筆記したのは当時、東大数学科の助手だった小松彦三郎である。佐藤の超函数が

佐藤幹夫
（1987年、数学セミナー編集部撮影）

世に出た一九五八年は、小松が東大数学科を卒業した年であり、後輩としてずっと佐藤を仰ぎ見ていた。彼のノートによれば、佐藤は一時間の話の前置きとして、数学者にとって常識ともいえるコーシー－コワレフスカヤの定理（ある条件のもとに偏微分方程式が局所的に解けることを保証するという定理）から話し始めている。どんどんピッチを上げ、代数的手法によるそれまで前例のない方法で微分方程式を扱う理論に及んだ。佐藤超函数の構築では、多変数の場合に相対コホモロジーという代数の理論を使っている。量とか不等式とかとは関わらない解析学。それをさらに推し進めようというわけだった。

「少し自分のフィロソフィというか、プログラムを体系的に話したわけですよ。一時間だったから、あまりちゃんとはしゃべれなかったかもしれないけれども、関数というのは一つの機能としてとらえるべきだとか、D加群と極大過剰決定系のこととか、非線形の場合には微分環とか、ひょっとするとエリィ・カルタンの外微分方程式系も必要かもしらんけれどもとか、そんな話をしたわけですよね。」（佐藤幹夫と杉浦光夫の「対談　数学の方向」（別冊数理科学『20世紀の数学』所収）から）

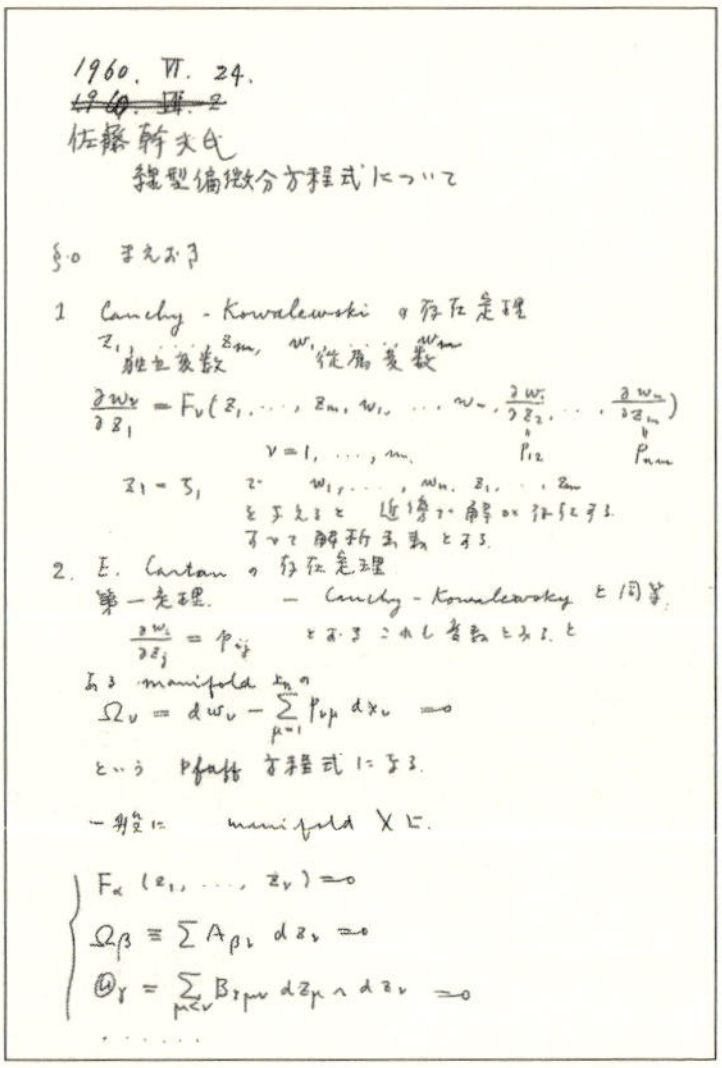

「金曜談話会ノート第８巻」の冒頭。1960年の講演を小松彦三郎がメモした。

「ただし当時、定式化以上にあまり出たわけではありません」と佐藤は自らいっている。愛弟子河合隆裕《たかひろ》のことばを借りれば、まさに目標を定め、理論を入れるべき「額縁」を設定したのである。ただ、聴衆にはほとんど理解されなかったのだろう。講演前半のノートを取った小松さえも、非線型問題を扱ったと思われる後半はノートを取るのをあきらめたようだ。最後のページの三分の一は空白であった。その後の反響も目立たなかった。佐藤の革命へのアジテーションは、本人の記憶以外ではほとんど忘れ去られた。

解析学の厳密な代数化を目指す

佐藤は何にこだわったのだろう?

数学は通常、代数、解析、幾何という三つの分野に分けられる。図形を扱う学問である幾何は普通の人にもわかりやすい。解析は微分積分学とその延長であり、代数は方程式や四則演算を拡張したいろいろな算法やその構造(たとえば群・環・体)を扱う分野だ。こんな説明も聞いたことがある。解析の特徴はひとことでいえば、常にものの大きさを比べながら理論を進めていく「不等式の数学」である。これに対して、代数は厳密な正確性を保ちながら理論を構築する「等式の数学」である。

しかしこれらの分野と方法は、数学という一つの世界の中では固定的ではなくお互いに混ざり合う。一例をあげれば、幾何を代数的に調べる代数幾何学という分野があり、二十世紀に入って驚異的な進歩を遂げた。新しい方法が次から次へと編み出され、数論などの他の分野へも大きな影響を及ぼしたのである。佐藤は東大数学科のゼミで、この分野の名著とされるアンドレ・ヴェイユの『代数幾何学の基礎』を彌永《いやなが》昌吉の指導で読んだ。佐藤は「同様の哲学が、解析学の研究でもあっていい」と思ったのである。それが佐藤の超函数（ハイパーファンクション）の構築につながった。佐藤は、「代数」という完璧な数学のもとで、解析学を構築したかったのである。

佐藤は、シュワルツの超函数に対する違和感を解決しようと佐藤超函数を作っただけでは満足していなかった。超函数を作っただけでは解析の世界は変革できない。さらに進んで「微分方程式」という壮大な数学世界の構造を超函数という自ら作った道具でしっかりと具体的につかみたかったのである。佐藤は後にこのように語っている。「ぼくはわりと具体的な、はっきりした結果が出るような数学のほうが好きでしたね。抽象的な存在定理なんかは面白いけれども、それを証明したからといって実際の計算に役立つということとはちょっと違うんですね。だから、超函数のことをやったときでも、そんなにぼくは満足していたわけじゃないんです。本当はそれをもっと具体的な問題、微分方程式なんかに応用したいと思っていたんだけれど……」（『佐藤幹夫の数学』所収「私の数学――超函数とその周辺」から）。一九六〇年六月の「アジテーション」はまさにそのプログラムについて話したのだった。しかし、当時の解析学者にはなじみの薄い代数を構築の道具として使った基礎理論（それは、解析学者には度を越した抽象論に見えたかもしれない）だったので、最初は興奮した人もだんだん離れていった。それがこの九年間であった。

佐藤のプログラムの発動がなかった理由はもう一つある。

一九六〇年秋、佐藤は太平洋を渡り、米国のプリンストン高等研究所に滞在することになっていた。恩師の彌永昌吉の紹介で、アンドレ・ヴェイユが声をかけたのだった。佐藤の期待は大きかったろう。しかし、米国に渡ってのちそれは見事にすれ違ってしまった。佐藤の超函数理論構築におけるもっとも重要でオリジナルな点である代数的道具「コホモロジー理論」を使うことがヴェイユの好みではなかったのだ。

プリンストンに到着直後、おりよく滞在中だった彌永と別の超函数（ディストリビューション）の生みの親であるローラン・シュワルツとともにヴェイユの部屋に行き、三人の前でコホモロジーと超函数の話をした。

「ヴェイユ先生は途中からむずかしい顔になって部屋の中をコツコツ歩きまわり始める。シュワルツ先生はきちんと聞いてくれたけれども（すでに論文の別刷も読んでいたらしく）『自分は別の定式化を考えてみた。コホモロジーを使わなくてもできるのじゃないか』と言い、ヴェイユも『もし佐藤のとシュワルツの今言ったのとが同等なのなら、自分はシュワルツ式のやり方が好きだ』と言う……」（『佐藤幹夫の数学』所収「佐藤超函数論の成立と展開、ほか」）。

これで佐藤は米国で超函数論を仕上げる気をすっかりなくしてしまった。日本で出した超函数論の英文論文1、2の後に予定していた超函数論の「論文3」は幻に終わった。1、2では証明などが不十分ところが多々あったのだが、そのまま残された。佐藤はその後しばらく、整数論など別の仕事に取り組んだが、超函数についてはまったく仕事をしなかったのである。六六年まで、佐藤は日本とアメリカ（大阪大とコロンビア大）を行ったり来たりする。その間に、いくつかの独自の業績を残したが、超函数とその関連問題については放りっぱなしであった。

佐藤スクールが支える

その間、超函数の理論を磨き、日本と世界のあちこちに広めて歩いたのは東大の小松彦三郎だった。一九六四年、米スタンフォード大に赴任すると、大学院生のR・ハーヴェイを指導して佐藤が残したままにした超函数論の「穴」を埋めろという課題を出した。ハーヴェイは博士論文で見事にその穴を埋め、小松の期待に応えてみせた。その結果や自らの研究を元に、小松はフランスなどで佐藤超函数の基礎とその応用について講義をし続けていった。そのうち講義録としてまとめられたものは、後には若い数学者にむさぼり読まれた。それ以外にほとんど新しい文献はなかったのである（フランスのアンドレ・マルティノーのように、佐藤超函数をセミナーに取り上げた例外もあったのだが）。

佐藤は六七年にやっと日本に戻ってきた。しかし、その前後約二年間はまったく数学から離れていたという。この間の佐藤の動向を知っているものはほとんどいない。しかし、佐藤が六七年夏、東京へ出たところ、東大の若い数学者らが阪大での講義ノートなどで勉強会を開いているのを知り、感激した。彼らの前で数学について次第に話すようになっていった。

一足先に日本に帰っていた小松も、東大での超函数と定数係数偏微分方程式への応用について連続講義を東大で始めた。これには担当の講義さえ遅れてくるという遅刻魔の彌永昌吉が、珍しく定時に席についたという「事件」もついていたという（河合隆裕のメモによる）。小松のこうした講義は、その普及と同時に佐藤に研究の「火」を点けるつもりもあったはずだ。狙いはあたり、佐藤は次第に超函数への熱意を取り戻した。実は小松の頭には、「晴れ舞台」で佐藤に新しい成果を話させたいという思いがあった。その舞台として、吉田耕作が会長をつとめる函数解析国際会議の場を選んだのは不思議ではない。というのは、佐藤は東大で吉田の助手を務め旧知の仲であったし、その会議の組織委員会の実質、事務局長を務めていたのがまさに小松だったのである。

会議の始まるちょうど一年前の一九六八年四月、東大教養学部教授として帰ってきた佐藤幹夫と小松を囲む「佐藤・小松セミナー」が東大数学教室で始まった。もちろん、函数解析国際会議を視野に入れている。毎週土曜日の午後三時から始まり、約二十人が超函数論の基礎と応用について激論を交わした。午後七時過ぎまでかかることもあった。その中には、大学院修士課程一年の河合隆裕、四年生の柏原《かしわら》正樹という後に「佐藤スクール」の中核となる二人との出会いもあった。

翌春、吉田耕作は東大を定年退官し、京大の数理解析研に移ることが決まっていた。佐藤の講演を国際会議の目玉とすることにしていたのだろう、六九年一月、京都で開かれた事前の会議のあとで、吉田が佐藤に会い「よい講演を頼むよ」といっていた姿も見かけられたという。

しかし、佐藤がどういうことをしているかは、なかなか周辺にはわからなかった。ちょうど大学紛争のもっとも厳しい時期であるから、そういう余裕はあまりなかったのである。東大安田講堂は六八年夏に占拠されていたし、六九年には京都大学も寮問題がこじれて全学に紛争が広がっていた。函数解析国際会議が大学で開催されず、経団連会館を使うようになったのもそういう経緯があった。

会議の始まる数日前、佐藤は、河合とマルティノーの弟子である森本光生《みつお》の二人に声をかけた。「考えていたのがどうやら本物と確信した。聞いてくれないか」と、二人を相手に語り始めたのが、まさに新理論であった。

代数解析の歩み

佐藤の超函数については、佐藤自身がこんなたとえで説明している。「〃この世・現実世界〃（実数の世界）と〃あの世・ゆうれいの世界〃（複素数領域）の境目に立ってながめることによって、タチの悪い無限大をとらえ、〃ママ子関数〃を自然に仲間入りさせた……」（朝日賞を受賞したときの記事から。木村達雄「佐藤幹夫の数学」、岩波講座『現代数学の基礎　現代数学の広がり2』所収）。「正則関数の境界値」で定義することのたとえである。このように、一変数の超函数ならば見やすい「境目」さえ考えればいいが、多変数の場合は、一点の周りをn次元で取り巻いているので、扱いがもっと難しい。これを明確にするには、代数的なコホモロジーという道具がどうしても必要だったというのが、佐藤の考えであった。

新理論は、それをさらに精密化したものだった。解析学を代数的な見方で再構成するという哲学に加えて、佐藤の超函数をさらに要素的なもの（マイクロ関数）に分解するという「超局所解析」のアイデアを加えたのだ。これが、偏微分方程式の分析に強力な武器になることは、その後の数学の歴史が証明しているといっていいだろう。

新理論の生まれた過程は興味深い。小松が扱っていた理論は定数係数の方程式にとどまっていたから、佐藤はそれでは満足できず、もっと広い偏微分方程式を扱いたかった。「佐藤・小松セミナー」以来ずっとその方策をいろいろと探っていたらしい。函数解析国際会議を前にした京都の事前会議から東京へ帰る新幹線の食堂車で計算をしてみたら、一時間余りで見当がついてきたという。「だいたいイメージに間違いないらしいということになりましてね」（「私の数学」）、とまとめたのが、河合と森本に話した内容であった。佐藤がたびたび見せる「不思議な集中力」のなせる奇跡であった。

七〇年六月、佐藤幹夫は東大教養学部から京大数理解析研究所に移

河合隆裕
（2013年、筆者撮影）

った。所長の吉田にその一年前から「来ないか」と呼ばれていたのだ。河合もすでに助手として赴任していた。柏原も東大大学院では小平邦彦を指導教官としていたが、実際は佐藤の指導を受けていた。柏原は修士論文で、佐藤の目指した微分方程式の代数的な扱いの残されていた問題をきちんと固めた。さらに佐藤の江ノ島・片瀬での講演を「超函数の構造について」という完全な形にまとめあげた。河合と柏原は、佐藤スクール第一世代の「車の両輪」として猛烈な勢いで走りだしたのである。

佐藤もそれに応えるように、一九七〇年九月にフランス・ニースで開催された四年に一度の数学者の祭典「国際数学者会議」(ICM)で五十分の招待講演を務めた(このときは、広中平祐のフィールズ賞受賞があったので、さほど目立たなかったが)。

翌七一年十月、滋賀県・堅田でおこなわれたシンポジウム(超函数と擬微分方程式国際会議)での講義は、後に講義録としてまとめられた。著者三人(佐藤・河合・柏原)の頭文字を取って「SKK」とあだ名されることになったこの本は、超局所解析研究者のバイブルとなった。線型偏微分方程式について超函数でやりたかったことはこれで「ほとんど終わってしまった」と佐藤は後に語り、さらに付け加える。「今度は非線型をやることにした」。革命はまだまだ続くのである。

第二景──佐藤超函数の誕生

物理から生まれた超函数

物理学や工学では、モノが無限大の密度で一点に凝縮した「仮想の状態」を考えることがよくある。「仮にここに質量mグラムの質点があるとしよう」などというとき、質点には大きさを考えないから、そこの密度は無限大なのだ。無限に大きくなっている状態など、普通の関数では表現することはできない。しかし、ある範囲内で足し合わせれば（数学のことばでいうと「積分すれば」）、ちゃんとmグラムという普通の値になる。

そんな〝変な〟関数を使い始めた一人が、ミクロの世界を描き出す物理、量子力学を建設してノーベル物理学賞を受けたポール・ディラックであった。彼はその有名な量子力学の教科書で、〝変な〟関数を「デルタ（δ）関数」と名付け、別の関数の特定の点での値を取り出せる便利な道具として自由自在に使っていた。

また、制御工学などで微分方程式を簡単に解く方法として重宝されていた「演算子法」という理論でも、同様の関数が登場していた。

そんな〝変な〟関数を「数学的に何とかしなくては」と考えたのが、フランスの数学者、ローラン・シュワルツであった。彼は、それまでも議論されていた関数概念の一般化に挑み、部分積分というテクニックを使って微分概念を広く考えられる「ディストリビューション（distribution 日本語でいえば「分布」）」の理論を一九四五年に創始した。これで、ディラックのデルタ関数など、それまであった〝変な〟関数は数学的に基礎づけられ、量子力学の数学的基礎や偏微分方程式の解法などに安心して使えるようになった。このディストリビューションという概念が日本に入ってきたとき、「分布」と訳すことには抵抗があったのか、岩村聯《つらね》の訳語「超函数」が使われるようになり、定着した。

シュワルツの超函数論は、数年で日本に普及したようだ。東大の吉田耕作が書いた教科書『位相解析1』（岩波書店、一九五一年発行）の附録では十四ページにわたり、シュワルツ超函数論について解説している。

数学者だけではない。一九五二年、東大物理教室の理論物理学者、山内恭彦《やまのうちたかひこ》は、学部生向けの量子力学の講義で、ディラックのデルタ関数について触れ、これがシュワルツにより「超函数論」として厳密に理論展開されていると話した。量子力学の厳密な数学化は、その学問が生まれて以来ずっと、数学者達によって取り組まれていた（量子力学の基礎となったヒルベルト空間論、基礎方程式であるシュレーディンガー方程式の性質などの研究がある）。超函数論もそのうちの一つと考えられていたのであろう。

しかし、この山内の講義を聴いて、面白いと思うと同時に「違和感」を持った学生がいた。旧制第一高等学校を経て東大数学科卒業後、物理学科に学士入学していた佐藤幹夫である。先に紹介した吉田の教科書の附録も熱心に読んでいた。流行の超函数論には多くの数学者、物理学者が触れたはずだが、違和感を持ったというのは、もしかすると佐藤だけではあるまいか。

「一九五七年夏」までの軌跡

法律家であった父が戦後まもなく死去、母と弟、妹の生活を見なければならなかった佐藤幹夫は、勉学だけに勤《いそ》しんでいる余裕はなかった。旧制高等学校を卒業すれば旧制中学の教師を務められるというのを佐藤は利用した。旧制東京市立第三中学校の恩師奥田行信の紹介で、後身の都立文京高校夜間部の数学教師を勤め始めたのは大学浪人中の一九四八年だった。数学科、物理学科を卒業しても、勤め先には専門書も専門雑誌もなく、およそ研究環境らしきものはない。

しかし、手に入るものはよく読み、十分消化していたようだ。たとえば、旧制高校時代に先輩から手に入れたという寺澤寛一著『自然科学者のための数学概論』(岩波書店刊。通称、テラカン。応用向けの分厚い数学の教科書)は、その中身はほとんど十九世紀までの数学で、相当細かい複雑な計算まで書いてあるが、これが佐藤の具体的な計算好きにもつながるのかもしれない。「寺沢さんの本に紹介されている十八世紀、十九世紀の解析学は代数的色彩が強く、具体的な数学的対象を扱っています。それでいて、ちゃんとした理論としての深い内容と美しさを持っています」(『佐藤幹夫の数学』所収「代数解析の周辺」)とまで評価しているのである。これに「古典的な微分方程式の理論を進めるために抽象代数的思考が欠かせないのです」と付け加えているのは、いかにも佐藤らしい。

さらに日本数学会の機関誌である『数学』もよく読んでいた。佐藤超函数の多変数に関する部分で必須な層やコホモロジーの理論は、一九五六年に『数学』に掲載された一松信の「クザンの問題」という多変数函数論を解説する論文に付けられた数ページの解説から学んだものだという。「ラッシュアワーで混雑している電車に乗っているときに読んでいました」と回想している。さらに、恩師の彌永昌吉が編集責任者を務めた『岩波数学辞典』もありがたかった、という。

今から見れば「素人並み」という研究環境の中で一九五七年夏、三十歳を目の前にして暑いさなかに「パンツ一枚で」数学をした。「体力も知力も年とともに落ちてくる、今しかない」というのであった。そこで、物理で学んで以来、気になっていた超函数概念を自分なりに構築しなおした。積分を使ってシュワルツ流の超函数をも含む複素関数論的な定義を自作し、一変数だけでなく、ずっと難解になる多変数の場合も大体の理論をまとめた。そして、十二月になって、セミナーで指導してもらった彌永のもとに赴く。

セミナーでは、佐藤は志村五郎や谷山豊とともにヴェイユの『代数幾何学の基礎』を読んでいた。その後、佐藤は東京教育大で朝永振一郎のところで物理を学ぶようになって彌永のもとへは年に数えるほどしか来なかった。特に、一九五五年に東京と日光で開催された「代数的整数論に関する国際シンポジウム」で谷山や志村が活躍するのを見ては、そこに佐藤がいないことを彌永は残念に思っていたのである。佐藤から訪問の知らせをもらった彌永は「物理の新発見か整数論にかんする代数幾何の新しいアイデアでも持ってくるのか」と思った。しかし、その予想はまったく外れた。

話を聞いて「シュワルツの超函数（ディストリビューション）とは、概念の異なる超函数（ハイパーファンクション）であり、それは前者と同じくらい、いや、ある状況下ではもっと便利なのである」と彌永は思った。その話に夜更けまで聞き入った。そして「数学に戻ってくる気はあるか？」と聞いた。佐藤の答は「はい」であった。彌永は嬉しかった（S. Iyanaga「Three Personal Reminiscences」＝Algebraic Analysis Vol. 1 所収＝などによる）。東大数学教室の一月の金曜談話会で、佐藤に話させ、ちょうど空席だった同僚の吉田耕作の助手に四月から任命されるようにした。佐藤には、三十歳前にしてそれまで専門論文一本もないのだから、今ならそんなことは不可能である。そんな例は、戦前戦後を通じても佐藤しかいないのではないか。

さらに、機関誌『数学』のその年の最初の号に二十七ページにわたって「超函数の理論」を書かせ、四月の日本数学会での総合講演でも話させた。この問題について初めて印刷物となった「超函数の理論」に彌永の手がどのくらい入っているかわからないが、処女作から相当な力量を感じさせる論文である。

しかし、その次は大変に時間がかかった。東大数学教室の紀要一九五九年と六〇年の号に英文論文の「Theory of Hyperfunction」の1、2が掲載されるが、彌永の督促の末に、すこしずつ書いては彌永の自宅に届けてチェックを受けるということの繰り返しでやっとできたものだった。第一景で紹介したような事情で、その続きはとうとう実現しなかったのである。

佐藤は研究と計算は大好きなのだが、筆が遅い。完全主義だからこそ遅くなる、あるいは気に入らなければ論文にならないともいうが、そもそも書くことにまめではないようで、特に他人にわかるような形で証明をきちんと書き残す手間と時間をかけたがらない。一方で、新しい数学について話すことは熱心で、佐藤の熱の入った講義を絶賛する人は少なくない。

佐藤超函数の理論は、着々と進歩した。超函数の代数的定義として「〝Mがn次元実多様体のとき、その任意の複素近傍Xを取れば、X上の複素解析函数を係数とする$X \bmod X-M$の相対コホモロジー類がすなわちM上の超函数に他ならないのだ〟ということをはっきり認識するようになりました」と五八年の秋前には悟っていたという（「佐藤超函数論の成立と展開、ほか」）。こんな抽象代数的定義が、当時の数学状況で一般的になるのは相当難しいことだったろう。それでも、第一景の一九六〇年の談話会につながるそれまでの常識をくつがえす「プログラム」をずっと考え続けたというのだから、傑物である。

●コラム……………………

超函数と数値解析

一九七〇年春、東京大学工学部力学教室助手だった森正武は、京都大学数理解析研究所数値解析講座の助教授として赴任した。その前年、森は、東大大型計算機センター長の高橋秀俊と偶然の出会いをし、数値解析にのめりこんだのであった。

東京大学理学部物理学科で鬼才といわれた高橋秀俊は、ある意味では万能の天才であった。過去の他人の論文などに振り向くことはなく、自分の頭で考え、自分の手で計算したり実験したりした結果を常に楽しんだ。科学エッセイ集『物理の散歩道』の著者集団ロゲルギストの一員としても知られている。日本のコンピュータの草分けといわれるパラメトロン計算機PC-1の開発をきっかけに、コンピュータのハードからソフトまで独自の視点で切り込んでいたが、数値解析も興味の一つだった。

一方、森は、力学教室では助手として原子分子の衝突の量子力学を中心に理論的解析をしていた。そこでは、「分子積分」という波動関数の重なりを定量的に計算する必要があり、数値積分について試行錯誤をしていた。六九年八月初めの夕方、森は大型計算機センターの國井利泰から紹介された高橋のもとを訪れた。約一時間聞いた高橋の話に、森は目から鱗が落ちる思いをしたという。

複素積分で調べた数値誤差

高橋の話は、すっきりとわかりやすいものだった。解析関数 $f(x)$ を数値積分しようとするとき、台形公式やシンプソン公式などいろいろな数値積分公式に当てはめて計算するのが普通だ。その定積分の誤差は、積分公式だけに依存する誤差の特性関数 $\Phi(z)$ に、積分される関数 $f(z)$ を掛けて複素平面上のある閉曲線に沿って複素積分すれば表現できると、高橋はいうのである。なんの難しい数学もいらない。複素関数論の基礎に登場するコーシーの積分公式を使えば簡単に導けるのである。

森は、家に帰って、高橋との議論を復習し、これまでの知識を総動員し、数値積分の誤差論を自分なりにまとめてみた。翌日、高橋に再度会い、それを話した。「『そんなことはわかっているよ』という調子で、先生にはすべてお見通しであった」とそのときのことを森は書いている。

森の原子衝突の研究はその年の九月の国際学会発表でおしまいになった。すっぱりと数値解析の研究に切り替えたのである。高橋研究室に毎日のように通い、数値計算の誤差についての理論をがむしゃらに勉強した。ちょうど、その年の十一月五日〜七日に京大数理解析研で高橋主催の「科学計算基本ライブラリーのアルゴリズム研究会」があり、ここで森の研究を発表しようと

$$\Delta I_n = I - I_n = \frac{1}{2\pi i}\int_C \Phi(z) f(z)\,\mathrm{d}z,$$

$$\Phi(z) = \Psi(z) - \Psi_n(z) = \log\frac{z-a}{z-b} - \sum_{k=1}^{n}\frac{A_k}{z-a_k}$$

高橋と森の誤差理論による誤差公式。$f(z)$ が数値積分しようとする関数で、a, b は積分区間を表す。A_k は積分公式の重み、a_k はサンプル点。

いうことになった。わずか三か月の研究期間である。高橋の指導だけが頼りであった。

発表直前の十一月一日真夜中、森のこのときの研究のエッセンスともいえるシンプソン積分公式の誤差特性関数（絶対値）の等高線図が、弥生キャンパスにある大型計算機センターに据え付けられたＸＹプロッターから吐き出された（図）。これがあれば積分路のとり方に応じて誤差にどう変化が起こるかがすぐわかるのである。「見たときの感激はいまだに忘れることができない」と森は書く。

佐藤超函数が基礎にあった

十一月六日の研究集会では「解析関数の数値積分の誤差の新しい評価法」と題して、高橋が前半で原理について、森が後半で具体例について話した。この集会は、数理解析研でずっと継続される数値計算分野の研究集会の第一回目であった。

この発表も影響したのだろう、森は翌年、数理解析研究所の助教授に採用されることになった。ここには占部《うらべ》実、三好哲彦、三井斌友《たけとも》という数値解析の強力メンバーと東芝と京都大が共同開発しマイクロプログラム方式を取り

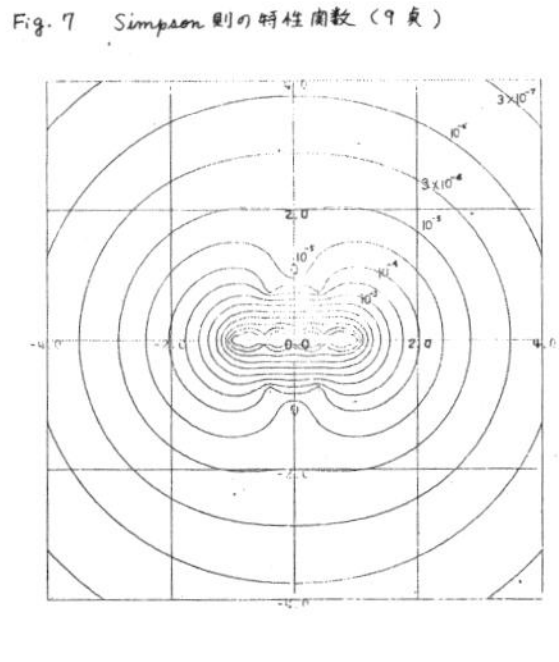

数理解析研講究録91（1970年）から

入れた科学技術計算用コンピュータTOSBAC3400があった。理想郷であった。

森が数理解析研に赴任した春、佐藤幹夫と河合隆裕も東京大学から数理解析研に赴任してきた。それをいい機会として、森は有名な佐藤超函数とはどんなものか、雑誌『数学』に載った有名な佐藤の処女論文「超函数の理論」を読んでみたのである。

「最初の数ページを読んで大いに驚き、感動を覚えた」。森は、回想の文章にこう書いている。「そこには高橋先生に教えていただきながら研究を進めてきた数値積分の誤差評価法の理論的背景が実に理路整然と述べられていたのである」。

さきほどの式を見ればわかるように、数値積分の誤差 ΔI_n は積分される解析関数 $f(z)$ の線型汎関数（関数の関数）だから、佐藤超函数の一つとして扱うことができるというわけだった。

森は河合隆裕と帰りの方向が一緒で、自分の誤差解析と佐藤超函数の関係について気づいたことを話したことがあった。それがきっかけで、この話を佐藤超函数の数理解析研研究集会「超函数論と偏微分方程式」で話すことになった。佐藤とも議論する機会を得て、アドバイスをもらったこともあった。

七一年三月の研究集会の講演では、区間 $[a, b]$ の定積分の誤差、$(-\infty, \infty)$ の広義積分の誤差、周期関数の近似積分公式の誤差、補間多項式の誤差について超函数的な議論も交えながら話した。一変数でコーシーの積分公式を使うだけだから、シンプルでわかりやすい佐藤超函数の応用例となっていた。

この研究集会があったちょうどそのとき、別の数理解析研研究集会「プログラムの基礎理論」に高橋秀俊が出席していた。森は高橋を佐藤に紹介、東大工学部力学教室でなじんでいた犬井鉄郎（当時、中央大）、佐藤の片腕といえる小松彦三郎も交えて、話に花が咲いたという。

森によれば、これ以後、高橋は京都を訪れるたび、数理研に寄り、佐藤に会うようになったという。どちらも、自分の頭で考えるオリジナルの塊のような二人である。おそらく常人の発想をはるかに超える会話を楽しんでいたに違いない。高橋は残念なことに一九八五年六月、七十歳でこの世を去った。残された佐藤はさぞ残念に思っただろう。二人の書いたものをいろいろ調べてみたのだが、お互いのことについて触れたものはないようだ。これもまた残念である。

森はその後、積分端点の発散を抑える二重指数関数型数値積分公式を開発するなどの成果をおさめた後、一九七九年に筑波大学に移るが、その後東大工学部勤務を経て、九七年に数理解析研に戻り、九八年から三年間所長として尽力した。

第三景―物理から「解ける問題」の秘密を解く

場の量子論と多体問題と……

佐藤幹夫は一九五四年から四年間、東京教育大学理学部の朝永振一郎のもとで理論物理を学んでいる。その前に東大物理学科に学士入学しているから、佐藤の物理への興味は相当なもののはずだ。確かに、佐藤は、彼の数学の源泉をいくつも物理の問題から見つけている。その中でも、一九八一年をピークとする「三番目の革命」＝「可積分系の研究」は、まさに物理と数学の共演から生まれたといえるだろう。

朝永は戦前から戦後にかけて、発散のない相対論的な場の量子論構築に全力を傾けて強力な研究グループを結成、一九四八年に有名なくりこみ理論を完成した。五二年には文化勲章を受章（ノーベル物理学賞受賞は六五年）、すでに名を挙げていた物理研究者であった。そういう意味では、佐藤が師事したころは、朝永にとって一つのことに集中して突破する時期は過ぎていただろう。佐藤の在籍期間、朝永研究室界隈ではどんなことに興味を持たれていたのか。

少し前の一九四九年、朝永が一年間、米プリンストン高等研究所に滞在したときに取り組んでいたのは、電子などたくさんの粒子が複雑に相互作用しあう系、いわゆる量子多体系についてであった。一次元的に相互作用する粒子が並ぶ「朝永－ラッティンジャー流体」というモデルは、知る人ぞ知る理論で、最近のナノテクノロジー発展でようやく実験的な証拠が出てきた、いわば、時代を超えていた理論だった。素粒子論とは異なる、いわゆる物性系の理論であるが、素粒子論で開発された連続的な空間での量子力学＝「場の量子論」を使って、多粒子のからむ問題を最初に解き始めたといっていい。

朝永が帰国してからの研究室活動では、素粒子の基礎理論である場の量子論と量子力学的な多体問題の二つが中心となっていたと見られる。場の量子論の問題は、戦前からずっと続く伝統的なものだが、後者は新しい。金属内の電子の運動、あるいは原子核内の陽子・中性子の運動などその後発展を見せる。しかし、五六年に朝永は東京教育大の学長に就任する。そのときは、もう研究活動は実質的に止まったといっていいだろう。

佐藤が語った思い出などを読むと、朝永研究室にいるころ、印象を持ったものは二つあったようだ。一つは、素粒子どうしの反応を初期状態と最終状態のみを調べて解析する「散乱行列（*S*行列）」の性質であり、もう一つは、ほとんど厳密には解けない量子多体問題のうちで数少ない厳密解が求められていた例である「磁性体のイジング・モデル」という理論であった。

*S*行列は、場の理論を複雑に駆使して計算するのだが、多数の粒子のあり方を示す関数「*n*点グ

リーン関数」というものさえ計算できれば求まってしまう。これはLSZ公式という便利な存在による（LSZは、この理論を作った三人の理論家、レーマン、シマンチック、ツィンマーマンの頭文字）。当時、S行列の分母をゼロにするようなエネルギーは実際に存在する粒子に相当する、という理論があり、理論的な数学的関数としてのS行列がどんな性質を持つのか、というテーマが盛んに研究されていた。そこでは、解析学が非常に重要な武器となっていたのである。ここでは複素解析学が重要な数学的道具になり、それはどうやら超函数につながったようだ。

一方、ミニ磁石の性質（スピン）を持つ電子の空間的な方向が見事に揃って示すマクロな磁石の性質は、たくさんの電子がかかわりあっている多体的なものだ、ということを示すもっとも簡単な理論モデルが「イジング・モデル」だ。数珠玉のように一次元的に並んでいる場合はすぐに計算できるが、ミニ磁石が平面的に並んだ二次元モデル、あるいは現実の磁石のように縦横深さ方向に並んだ三次元モデルになるとたんに解きにくくなる。一九四四年、ノルウェー出身の米国の物理学者ラルス・オンサーガーが二次元モデルで磁石になることを厳密に解いてみせた。物理の問題では正確に解けないことがほとんどで、だから、近似する理論が発達するのだが、数学出身である佐藤は、厳密に解けるオンサーガーの論文に非常に興味を持ち、その論文を朝永研究室在籍時代にしっかりと読んで、修士論文にも取り入れたようだ。これらが、佐藤の仕事第三段階の重要なきっかけになるのである。

数理物理の世界に飛び込む

佐藤スクールの大作「ＳＫＫ」は一九七三年に出版され、超局所解析の仕事は一段落した（一九七八年のヘルシンキの国際数学者会議では、柏原が一時間の招待講演で超局所解析について話している。これで本当に一人前になった、といえるだろう）。佐藤は河合、柏原とともに、その年の九月から翌年春まで、フランス・ニース大学に滞在することになった。ここで、新しい出会いがあった。何人もの欧州の数理物理学研究者と知り合うのである。

数理物理学というのは、理論物理学の中でも特に数学的厳密性を重視して展開していく分野である。たとえば、量子力学や統計力学などの基礎は数理物理学で支えられている。その対象はなんでもよい。自然現象をみつめながら理論的説明を試み、それを実験で確かめるという通常の物理学の方向とはひと味もふた味も違う分野である。

ニースで会った数理物理学者のうちで、もっとも佐藤らに影響を与えたのはフレデリック・ファムであった。物理で重要な概念である因果律（原因と結果を結びつける関係）は数学的な構造から発するのではないか、場の量子論における因果律は佐藤たちのマイクロ関数の理

柏原正樹
（2013年、河野裕昭撮影）

論と関係するのではないか、と彼は佐藤らにしきりに疑問を投げかけるのである。これが、佐藤の数理物理学的な研究開始のきっかけとなった。「自分がやってきたことがいろいろ使えるということはうれしいから、そんなことで始めたんですね」（数学セミナー増刊『数学シンポジウム4　数学研究の最前線』の「討論　自然の秩序は非線型にある」から）と佐藤はいっている。もちろん、朝永研究室で場の量子論に触れた昔の経験から響くところもあったのだろう。この線にそって、後に河合は「解析的S行列論」を米・カリフォルニアのローレンス・バークレー研究所のヘンリー・スタップと共同研究をすることになる。次の「時代」がもうそこまで来ていた。

一九七三年、小松彦三郎の弟子であった三輪哲二が博士課程の途中で、京都大数理解析研究所の助手となり、さらに、翌七四年、東大数学科を卒業した神保道夫が、数理解析研の大学院に進学、佐藤の指導を受けるようになった。佐藤スクール第二世代の誕生であった。

第一世代の柏原は、神保と入れ替わるかのように七四年四月、名古屋大の助教授となって転出していた。河合はしばらく、第二世代とともにS行列論などの仕事をしていたが、七四年秋からしばらく米カリフォルニア大学バークレー校ミラー研究所に滞在することになった。その結果、第二世代の二人と佐藤が真剣に向き合うことになった。

本来数学を専門とする三輪と神保に、佐藤は物理の勉強をさせた。名著のほまれ高い朝永振一郎の『量子力学1、2』やディラックの『量子力学』を読ませたのである。それは理路整然と展開される数学の世界とはまったく違う世界であった。特に量子力学という概念の形成過程を描いた朝永の本はそうだった。三輪はこう語っている。「読んでいるといろいろ矛盾があってみんなでわからないわからない、変だ変だとやっていると、誰かが何か一つのアイデアを出して、それでパッとジャンプするけど、また新たに変だ変だということが出てくる」（「討論　自然の秩序は非線型にある」から）。

　これが、次の段階へ向けての佐藤の態勢づくりであった。

　佐藤が第二世代のために選んだ題材は、物理で馴染んだイジング・モデルだった。佐藤は、偶然、東大の統計物理学者鈴木増雄から、二次元イジング・モデルについて、多数の中の二つのミニ磁石だけが絡んだ「二点相関関数」を厳密に求めたハーバード大学のウーらの五十九ページにわたって複雑な式を展開した論文を教えられた。この結果には、フランスの解析学者パンルヴェが発見した特殊な微分方程式「パンルヴェⅢ型」が登場しているのに佐藤は気がついた。「幸いに日本では、福原満洲雄《ますお》先生のスクールが昔からやっておられて、『数学辞典』にも書いてあったし……今度は本格的にそっちの方からアプローチしてみようという気になったのです」（同討論から）。目標は二点相関関数を超える n 点相関関数を計算することであるが、「厳密に解

神保道夫
(2007 年頃、筆者撮影)

ける」ということの背景をきちんと捉えたいという願いもあったのである。

六種あるパンルヴェ方程式は非線型で、普通の線型方程式より複雑な性質を持つが、実は、方程式の特徴から代数的な方法（モノドロミー群という）で解の特徴がきまってしまうという面白い性質があることがわかっていた。そういうものが答に出てくるような問題は、何かそういうものが登場する背景が元々の問題にあるだろうというのである。この視点から問題の答を調べようというのは「変形理論」というものだ。

七六年末にウーらの論文を見た佐藤らは、七七年の年明けからものすごい勢いで研究を進めた。三輪の思い出を聴こう。「だいたい朝十時くらいに、まず僕と神保さんがどちらかの部屋でなんだかんだとやり始める。佐藤先生はお昼過ぎぐらいに出てこられて、そこから一緒に議論をして、早くても夜八時頃まで。議論が盛り上がって続くのならいいけれども、盛り上がらなくて困っているときのほうがかえってなかなか終わらない。……それで十時くらいまでやる。そのあと家に帰ってきてから、その日にやったことを自分なりに全部復習してみて、

三輪哲二
(2013 年、河野裕昭撮影)

少しでも何かできないかと、深夜二時くらいまでやって、また朝起きて十時から神保さんと始める。……それがほぼ毎日でしたね」（「数理物理と佐藤幹夫先生」（『佐藤幹夫の数学』所収）から）。三月末にはほとんどできていた。正味二か月余であった。この集中力こそ、佐藤の数学の原動力だろう。

佐藤、三輪、神保らの仕事の結果、n点相関関数が変形理論から導かれる非線型方程式の解を使って表せるということがわかった。このような問題で汎用的に使えるタウ（τ）函数という概念も見つけた。たとえ、おもちゃのような簡単なシステムでも、相互作用する自由度が無限大の系という難しい問題の中にも厳密に解ける問題があることを改めて示したことの意味は大きい。佐藤らはこれらの仕事を「ホロノミック量子場」と名付けた。その後、神保らは、この仕事の発展から、量子群という新しい代数概念を提唱している。

ソリトン世界の向こうに

さて、厳密に解ける問題の代表として、ソリトンはもっとも有名であった。非線型という滅多に解けない方程式の中で、KdV（コルテヴェーグ＝ド＝フリース）方程式の厳密な答は不思議な性質があった。それは孤立した波、まるで津波のような孤立した波の解を持つ。普通、一個の波と別の一個の波がぶつかると、複雑に絡みあったあげくに崩れてしまって、波として存在しないようになる。しかし、KdV方程式を満たす孤立波は違っていた。二つの孤立した波は、粒子のようにぶつかり、すれ違い、追い越すのである。この波に粒子を示す語尾「オン（-on）」を付けてソリトンと呼ぶのはそういう意味がある。

もちろん、佐藤らもソリトンに興味を持った。ホロノミック量子場の理論ができた一九七七年のことである。「広田の方法」といわれるソリトン力学のオリジナルな解法を開発した広島大学の広田良吾、大阪大学の田中俊一、伊達悦朗《えつろう》らと勉強会を始めた。厳密に解ける広田の解法を佐藤は不思議に思い、これを現代数学のことばで理解したいと切望した。広田の理論でソリトンの方程式を書き換えた「双一次方程式系」というものの構造が佐藤には気になった。系に属する方程式は多数あり、手による計算だけでは追いつかない。一九七九年に入り、簡単に手に入るポケット・コンピュータでプログラムを組み、広田の方程式が具体的にどうなっているか、片端から計算を始めた。まるで実験のような計算が佐藤は嫌いではない。二年近くもそういう計算に没頭していた。八〇年暮れ、「実験」の手を止め、今までの結果を考えなおしてみた。式どうしの関係、あるいはなにか規則はないか、考えをめぐらした……。

こんなコンピュータ実験は佐藤にとって初めての経験ではない。佐藤が米国で数論について考えをめぐらした後のことである。プリンストンから帰った一九六二年夏、佐藤は、整数論で重要とされる「楕円曲線」という図形のある性質について作った二次方程式の解が、特別な法則に合わせてきれいに分布するのではないか、と気がついた。いろいろと計算してみなければならなかったのだが、いちいち手でしていては追いつかない。当時、東京教育大にいた難波完爾《かんじ》を指導して、そこにあったパラメトロン計算機（日本独自に開発した素子パラメトロンで計算するコンピュータ）を使って、「数値実験」をしてもらったのである。難波は二千例ほどを計算、その結果を使って六三年三月、佐藤は後に「佐藤（－テイト）予想」と呼ばれる予想をした。これは論文には発表されなかったが、知る人ぞ知る有名な数論の問題となり、その証明に挑む人も出現、二〇〇六年にとうとうハーバード大学のリチャード・テイラーによって「その予想は正しい」と証明された。コンピュータで多くのデータを得て、その背景を見抜く、というのは、佐藤にとって一つの強い武器となっていたのである。

ソリトンについての計算の結果、「ああ、これはグラスマン多様体ということじゃないか」と佐藤は気付く。グラスマン多様体とは、十九世紀のドイツの数学者ヘルマン・グラスマンが考案した特別な構造を持つ空間のことである。ソリトンの背景にあるグラスマン多様体は無限次元であった。その構造に気がつけば話は速い。「それでいっぺんに目が開きました」と佐藤はいっている（数理解析レクチャーノート5『佐藤幹夫講義録』の「講師から」による）。この「発見」の経緯は、共同研究者の妻、泰子以外、佐藤スクールのだれも知らなかった。

おとそ気分も抜けない一九八一年一月七日から九日、この年最初の数理解析研究所の研究集会「ランダム系と力学系」が開かれた。目玉はソ連（当時）の数理物理に詳しい数学者ヤコフ・シナイだったが、そこで、ひっそりと佐藤はソリトンについての独自の発見を初めて話した。

「ソリトン方程式はプリュッカー関係式であり、その解空間は無限次元グラスマン多様体になる……」。発表がおこなわれたとき、京大数理解析研究所四階の四二〇号大講演室の一番後ろの席に座っていた三輪哲二は、「すごいことを言いだした。『アーッ！』と驚かされた」（「数理物理と佐藤幹夫先生」から）。三輪は前年夏までは、一緒にソリトン方程式の計算についての議論はしていたのだが、それからあとはまったく知らなかった。

佐藤はこの結果を、一九八二年東京で開かれた日米セミナー「応用科学における非線型偏微分方程式」という会議で正式報告した。一方で、東大、名古屋大、上智大などでソリトンをテーマに詳細な講義をおこなった。その講義の内容として、佐藤はこんなふうに熱を込めて書いている。「ソリトン方程式は非線型方程式論の中で、特殊なものではあるが、豊富な構造を持ち詳しい性質が調べられるという点でも重要な意味を持つ。……無限次元グラスマン多様体上の力学系として統一的に理解できるということを、……この集中講義でお話したい」（上智大学数学講究録『ソリトン方程式と普遍グラスマン多様体』の野海正俊が書いた「あとがき」から）。

佐藤が発見した「問題の背景」は、ソリトンの問題が厳密に解けるのはなぜか？　という深遠な問に対する一つの答だった。ソリトンの問題、あるいはその方程式には数学的に美しく意味のある構造が隠されていて、それがあるからこそ解ける、という主張であった。これは、佐藤らの数理物理学研究の一つのピークであった。

厳密に解ける問題とはどういう存在か――いわゆる可積分系、あるいは可解模型の研究はその後も幅広く進んだ。二次元共形場理論、ヤン－バクスター方程式、神保とドリンフェルトによる量子群の発見、柏原の結晶基底……解ける問題の構造を解明し、さらにそれをヒントに解けなかった問題の新しい解法を考える、といういい循環が数学に流れだしたのである。まだまだ先は長い。しかし、先は明るいのである。

むすび

佐藤は一九八七年から一九九一年まで所長を勤めた後、一九九二年に京都大学数理解析研究所を退官した。佐藤超函数、超局所解析、ホロノミック量子場とソリトン理論と、独自の数学を創り続けた佐藤とそのスクールの面々は、いまはばらばらになり、個々に数学し続ける存在になっている。退官の年の対談で、佐藤は次にやることとして、非線型方程式の一般論、ソリトン理論の高次元化という難問に取り組みたいと話している（杉浦光夫との「対談・数学の方向」）。それから、二十年近い日々が流れた。彼の夢はどこまで行ったのだろうか。

◉佐藤幹夫・佐藤スクール年表……………

一九二八年　佐藤幹夫、東京に生まれる。
一九四一年　佐藤、市立第三中学入学（新制都立文京高校）。
一九四五年　東京空襲で実家焼失。佐藤、第一高等学校入学。寮生活に入る。寺澤寛一『自然科学者のための数学概論』や高木貞治の著書を読む。
一九四九年　佐藤、（一年浪人して）東京大学入学。五二年同理学部数学科卒業後、物理学科学士入学。
一九五〇〜五一年　シュワルツの教科書『超函数』出版。
一九五二年　吉田耕作『位相解析1』附録に「超函数」。山内恭彦、量子力学の講義で超函数について触れる。
一九五四年　佐藤、東京教育大学大学院進学、朝永研究室所属。この年、小平邦彦フィールズ賞受賞。
一九五七年　八月、佐藤、一変数超函数のアイデアを得て、十二月彌永昌吉を訪ねる。
一九五八年　一月、佐藤、東大数学教室談話会で佐藤超函数について話す。四月、佐藤、東京大学理学部助手となる。教授は吉田耕作。超函数について、日本数学会年会総合講演で発表。秋から彌永、吉田、河田敬義、一松信らとセミナー。十月、佐藤「超函数の理論について」（『数学』）発表。
一九五九年　佐藤「Theory of hyperfunction I」発表。二月、佐藤「同II」発表。
一九六〇年　佐藤、東京教育大講師になる。四月、佐藤、東京大学数学教室大談話会で講演。「線型偏微分方程式について」（ノートを取ったのは小松彦三郎）。もう一人の講演者は志村五郎。

アンドレ・マルティノー、ブルバキ・セミナーで佐藤超函数を紹介する。

一九六二年　六月、佐藤、渡米。プリンストン高等研究所でアンドレ・ヴェイユ、ローラン・シュワルツ（彌永も同席）に話すも、理解されず。「Theory of hyperfunction Ⅲ」執筆を放り出し、数論（ラマヌジャン予想、ヴェイユ予想）、概均質ベクトル空間論の構築などに取り組む。

夏、佐藤、帰国。東京教育大でいわゆる佐藤予想を難波完爾と立てる。六三年大阪大学教授となる。概均質ベクトル空間について講義。

一九六四年　秋から、佐藤、コロンビア大学に滞在。サージ・ラングのもとで数論の研究。

一九六四〜一九六六年　小松、スタンフォード大学滞在。二年目に佐藤超函数の再構築をテーマに大学院生のリース・ハーヴェイを指導する。ハーヴェイ、六六年八月博士論文完成。

一九六六年　佐藤、帰国。六七年夏に東京に戻る。

十月〜十二月、小松、パリで佐藤超函数論とその線型偏微分方程式への応用についてセミナー。

一九六七年　四月〜六八年二月、小松、東大理学部数学教室で講義「佐藤の超函数と定数係数線型偏微分方程式」。後にセミナリーノートとなる。河合隆裕、柏原正樹も聴講。一九六七年ころには、上野健爾らによって佐藤を囲む会が不定期に開かれていた。

五月、小松、都立大で開催された数学会年会で「佐藤の超函数と定数係数線型偏微分方程式」について講演。

一九六八年　佐藤、東京大学教養学部教授となる（杉浦光夫らの尽力によるらしい）。四月から佐藤・小松セミナー始まる。出席者二十人ほど。土曜の三時から始まり、午後七時を過ぎることもあった。

一九六九年　佐藤、東京大学で概均質ベクトル空間について講義（新谷卓郎の講義録が残る）。佐藤と小松、朝日賞を受賞。

一九七〇年　四月一日〜八日、東京・大手町の経団連会館で函数解析国際会議。三日、佐藤「超函数と偏微分方程式」(中身は余接束上の層$\mathscr{C}$の理論、超局所解析の発端となる)。座長はシュワルツ。マルティノー、小松も同じセッションで講演。
十一月、京大数理解析研究所で超函数論の第一回研究集会。
一九七一年　四月、片瀬シンポジウムで佐藤、連続講演「超函数の構造について」(柏原正樹の講義録が残る)。
六月、佐藤、京都大学数理解析研究所教授となる。河合は一足早く七〇年四月に助手になる。
九月、佐藤、フランス・ニースの国際数学者会議で「偏微分方程式の佐藤超函数解の正則性」について報告。
一九七二年　四月、柏原正樹、数理研助手に着任。
五月、佐藤、名古屋大学で集中講義。「超函数と層$\mathscr{C}$をめぐって　代数解析学序論」(七一年十月発行)。
十月、超函数と擬微分方程式に関する堅田シンポジウム。レクチャーノートにはSKK(翌年六月完成)が含まれる。故マルティノーに捧げられた。
柏原、修士論文完成(「線型偏微分方程式系の代数的研究」D加群研究の本格的開始)。
一九七二年九月から一九七三年春　佐藤、河合、柏原の三人はフランスのニース大学に滞在。フレデリック・ファムら数理物理学研究者と知り合う。
一九七三年　八月、三輪哲二、京都大数理解析研究所助手となる。
一九七四年　四月、柏原正樹、名古屋大学助教授に昇任。
一九七四年　四月、神保道夫、京都大大学院に入る。
一九七五年　一月、理論物理学における数学的諸問題に関する国際シンポジウム($\mathcal{M}\cap\Phi$)が京大数理解析研究所・基礎物理学研究所で開催される。佐藤はこれで無限自由度の問題に興味を持つ。

一九七六年　四月、神保道夫、京都大数理解析研究所助手となる。

四月、代数解析王子セミナー開催。

佐藤、東大物理の鈴木増雄にハーバード大学のウーらのイジング・モデル二点函数計算の論文を教えられる。

一九七四年〜七六年　河合、カリフォルニア大学バークレー校に滞在。ローレンス・バークレー研究所のヘンリー・スタップとS行列について研究。七七年〜七八年には柏原とともにプリンストン高等研究所に滞在。

一九七七年　一月〜三月、イジング・モデルを中心とするホロノミック量子場理論を佐藤、三輪、神保で展開する。五つの論文を七七年から八〇年に発表する。

一九七八年　ヘルシンキで開かれた国際数学者会議で柏原が一時間招待講演として「超局所解析」について報告。日本人ではただ一人。

一九八〇年　四月、柏原・河合・木村『代数解析学の基礎』（超函数の成人）。

一九八一年　一月、佐藤、佐藤泰子、数理解析研の研究集会で「KP階層と無限次元グラスマン多様体」について発表。

二月、東京大学でソリトン理論について集中講義。

一九八三年　六月、佐藤、上智大学で集中講義「ソリトン方程式と普遍グラスマン多様体」（野海正俊による講義ノートが残る）。

一九八七年〜九一年　佐藤、京大数理解析研究所長を勤める。

一九九二年　佐藤、京都大を定年退官。

◉参考文献と読書案内……………………

・佐藤幹夫の生の声が読めるのは木村達雄編『佐藤幹夫の数学』(日本評論社、二〇〇七年)。
・同書の基礎となった「岩波講座現代数学の基礎」の『現代数学の広がり2』(岩波書店、一九九七年)に掲載された木村達雄「佐藤幹夫の数学」も参考になった。
・佐藤超函数の歴史については金子晃「佐藤超函数の歴史」(数学セミナーリーディングス『現代数学のあゆみ3』日本評論社、一九九〇年)が詳しい。主な参考文献は以上の三冊から探せる。
・小松彦三郎の「The early days of the theory of hyperfunctions and differential equations」も参考にした。
・佐藤スクールの数理物理学的研究については数学セミナー増刊『シンポジウム数学4 数学研究の最前線』(日本評論社、一九八二年)に掲載された三輪哲二、神保道夫の報告と佐藤、広田良吾も加わった討論が興味ふかい。専門的文献としては三輪哲二、神保道夫、伊達悦朗『ソリトンの数理』(「岩波講座応用数学」、一九九三年)がある。
・河合隆裕の二つのメモ「超函数論の誕生と成長」「佐藤・小松セミナー」も参考にさせてもらった。河合の強靭な記憶力と資料検索のおかげで、佐藤スクールの姿が浮かんでくるメモであった。
・超函数と数値解析については、森正武の「応用数理とコンピュータ」(『応用数理』一九九四年)、「応数八景そぞろある記①〜④」(『応用数理』二〇〇三年)に詳しい。
・佐藤の雑誌掲載記事、対談、講義録は数多い。特に京都大数理解析研究所発行の講究録には論文、講義録が多く含まれている。
・その他、柏原正樹、河合隆裕、三輪哲二、神保道夫への長時間のインタビュー、佐藤幹夫との立ち話の記録も利用した。

第二章 バトンリレー

一九七一年秋、京都大学理学部の講義室に座り、ノートを一所懸命にとる一人の学生がいた。教壇に立ってチョークを持ち話しているのは、前年の国際数学者会議（ＩＣＭ）で「代数多様体の特異点解消」という業績でフィールズ賞を受賞した広中平祐ハーバード大教授である。ちょうど、京都大学数理解析研究所に研究員として半年間の滞在をしていたところだった。もちろん、講義の内容は広中の専門とするところの代数幾何学である。講義のメモを取っていたのは理学部三回生の森重文。後の九〇年にフィールズ賞を受賞するその人であった。

森の筆記した講義ノートはその後、清書されて数理解析研のレクチャーノートシリーズの一冊として少部数が出回った。「その中のスペクトル系列についての解説で、ちょうどいいレベルの書き方をした本がなかったんですね。広中先生が要領よく話してくれたので、要領よくまとめられた」

と、森は私に話してくれた。
森は学部生のときに、後に進む方向を数論にしようか、代数幾何にしようか迷っていたという。ある日、京大近くの定食屋に入ったら、広中にばったり出会った。以前から気になっていた「射影的ではない多様体の例は？」という質問を森は広中にぶつけてみたのである。広中は手近の紙にスラスラと絵を描いて説明した。森にとっては非常に印象的だったという。代数幾何は絵で「わかる」のである。視覚的なイメージが持てるのは自分に合っていると思った。このとき、森は広中の持ち続けた「代数幾何学のバトン」を受け取ったのだ。

多項式があらわす図形を代数的に調べる数学、代数幾何学は日本のお家芸であり、日本の数学を支える太い幹である。数学界では最高の賞、フィールズ賞を受賞している日本人数学者の三人とも、この数学に関係しているといえば、それは明らかだろう。特にそのうち二人は京都大学で数学を学び、京大数理解析研究所に在籍した。なぜ、代数幾何学は日本数学の大きな幹となったのか。それは、京都の地に連綿と続く「代数」のバトンをしっかりと握りしめ、次世代に渡してきた数学者がいたからである。

第一景――特異点

秋月セミナー

広中平祐は一九三一年四月九日、山口県・由宇《ゆう》町（現・岩国市の一部）に生まれた。十五人兄弟の七番目という大家族だった。

少年時代のエピソードは、彼の自伝『生きること学ぶこと』（旧題『学問の発見』）に任せよう。大学以降を中心に、この自伝などから、彼の研究の軌跡を追ってみる。

音楽好きから数学好きに変わったのは山口県立柳井高校在学中のときだった。理系の叔父、南本厳、柳井高校の数学教師谷川操の影響のもとで、理系科目へのあこがれを育てていった。高校三年のとき、物理学者湯川秀樹が日本初のノーベル賞を受賞した。「京都大学で物理学を目指そう」、広中はそう目標を定めた。

朝鮮戦争を目前にした一九五〇年、広中は京都大学理学部へ入学した。早速ゼミに参加した。一つはピーター・バーグマンの『Introduction to the Theory of Relativity』を読む相対性理論入門のゼミ、もう一つは盲目の数学者ポントリャーギンの名著『連続群論』を読む数学のゼミであった。中心となって活躍したわけではなかったようだが、勉学を続けるうち、あらゆる科学の基本であるという数学の面白さ、魅力に目覚めていった。三年になって、広中は自分の未来を数学にかけることに決めた。

京都大学理学部は、学生を理学部としてまとめて入学させ、後になってそれぞれに専攻を決めさせるのが伝統である。その中でほんの一握り、数学や物理に関して輝くような才能を見せる人がいることがある。能力の差をまざまざと見せつけられる残りの理学部生は、「あいつがいるなら」と、彼らとは違う専攻を選んでいく。これが恐ろしくもすばらしい京都大学理学部のシステムであった。

数学専攻を決めた広中は、評判の高い秋月《あきづき》康夫のセミナーに参加することにした（秋月スクールについては別項のコラム参照）。それは、彼の数学人生の大本を決めることになるのである。

学生の間では、秋月は「怖い先生」と定評があったというが、広中にとってはその新鮮な数学の香りのする講義を欠席するわけにはいかないという重要な存在であった。学生ストが行われることになって講義ボイコットが決議されても、秋月がやめずに続けた講義を広中は聴き続けた（他の学生には「ノートを回覧する」という約束をし、「スト破り」にはならなかったという）。

秋月のセミナーは、メンバーに毎回論文紹介のノルマが課され、厳しい批判の応酬がなされるものであった。しかし、広中は、アンドレ・ヴェイユの伝説の教科書『代数幾何学の基礎』を読みつつ、セミナーでの丁丁発止を傍観するだけで済んだという。秋月の追悼集『遺香』にある広中の寄稿によると、「先輩（中井喜和）は、君は（秋月にとって）孫弟子だから、孫みたいに可愛いだけなんだよ、といっていた」のだという。広中にはまったくノルマはなかった。能力に応じて、あるいはそれ以上に課せられるノルマと戦いながら勉強するという通常のセミナー・メンバーの苦労はまったく知らなかった。広中はこれを「いい意味での耳学問」という。それが、秋月が広中のことを単に可愛く思ったからなのか、広中の能力を認めていたからなのかは、わからない。とにかく、秋月を筆頭に、中野茂男、永田雅宜《まさよし》、中井、西三重雄、松村英之と豪の者がズラリと揃っていたからこそ可能だった最高の「耳学問」だったのだろう。

特異点との出会い

四年生になったある日の秋月セミナーで、西三重雄が代数幾何学の研究で有名なハーバード大のオスカー・ザリスキーの一つの論文を紹介した。一九四四年に発表した「三次元多様体の特異点解消」であった。

代数幾何における特異点とはなんだろうか。多項式があらわす図形の性質を代数を駆使して調べることが、代数幾何の目的である。その図形は、つるつるの滑らかなところばかりではなく、重なったり、交叉したり、尖っていたりするところを持っている場合がある。こういうつるつるでない「変な」ところを「特異点」という。特異点は数学的に素直ではない。それをそのまま扱うにはいろいろな面倒な考え方や手続きがいる。図形の本質的なところを抜き出すにはとても邪魔である。だから、ないほうがいい。特異点のある図形をちょっといじって（一部分を変換して別の形にして）特異点を消せることがある。これが特異点解消である。

広中は著書の中で、特異点とその解消についてうまい比喩を使って説

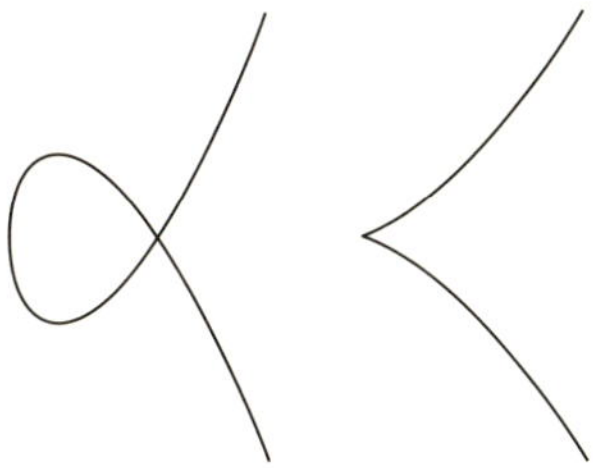

特異点　左（$y^2 = x^3+x^2$）は重なった点を持っているし、右（$y^2 = x^3$）は尖った点を持っている。いずれもなめらかな曲線上の普通の点ではなく、特異点である。

明しているので、それを紹介してみよう。それはジェットコースターである。人をたくさん載せたコースターは出発点から終着点まで滑らかに走る。ここには「特異点」はない。しかし、このコースターが光に照らされて地上に作っている影を見てみよう。ここには「特異点」はない。しかし、このコースターの軌道の影はあるところでは重なり、またあるところではねじれて行きつ戻りつしているように見える。影に沿ってコースターを走らせると、どちらへ行っていいかわからなくなったり、行き止まりになったりしてしまう。ここには「特異点」がある。滑らかでない特異点のある影の軌道にある操作を加えて、滑らかな軌道を作り直すこと、これが「特異点解消」に相当する、と広中は説明している。

ザリスキーはイタリアでイタリア学派の代数幾何を学んだ後、米国で抽象代数学の方法論を手にした。その基礎のもとにイタリア学派の一次元（つまり代数曲線）の特異点の理論を厳密に解き直し、その解消に成功した。二次元（代数曲面）の特異点についても成功した。しかし、三次元の特異点解消は難しかった。やっとのことでできたザリスキーの三次元での特異点解消の論文について、広中はこう言う。「ザリスキー先生の特異点解消の仕方は、無理矢理ねじ伏せたような、ぎこちないやり方で、その理論は難解なことこの上もなかった。だから四次元ないしそれ以上のものでは処置なしだろうとみんなが思っていたわけだ」。ザリスキーが問題としたことの延長上にあるさらに高次元の特異点解消問題は、当時の広中には埒外《らちがい》であった。「自分に解けるなどとは考えもしなかった。他人ごとだった」。「そういう問題がある」という認識だけが広中の心の奥底にしまい込まれた。人はそこから成長するものなのである。

楽観主義

学部を卒業した広中は、迷うこともなく大学院に入り、秋月の研究室で日々を過ごす。問題は、なかなか論文を書く気になれないことだった。大学院に入れば、「点取り虫」「お勉強」という時代はもう過ぎている。学問に真摯に取り組み、オリジナリティを発揮すべきときである。しかし、それまでに発表された綺羅星のような多くの数学論文を前にすると、その上に微かに積み重ねただけの論文ですまそうという気は起きなくなる。

しかし、いつかは書かなければならないのだ。広中は自伝で、大学院二年目なのに少女から「おじさん」と呼びかけられて、ショックを受けるエピソードを紹介している。成熟した大人になるにはどこかで踏み出さねばならないということなのだろうか。それがどのように広中の背中を押したのかは、よくわからない。とにかく、広中は三か月ほどかけて一本の数学の論文を書き上げた（これが修士論文なのであろう）。ところが、京都大学理学部紀要に載せたその一編の評判はぼろぼろだったのである。

論文中で主題とした問題は、論文末に掲げた参考文献の一つですでに扱われていて、解かれていた。「問題は先を越されていた」「参考文献を十分に読んでいないことが明らか」という二重の欠陥があったのである。米国の『Mathematical Review』誌の短評は辛辣だった。「この論文の主要結果は、彼が引用した文献の中で、いみじくも証明されていること以上のものではない」。広中は自ら自伝の中でそのことばをかみしめているかに見える。

しかし、広中はめげることがない。「論文作りの手法は学べた」「とにかく第一歩は踏み出せた」「自分なりの着想を育てるという創造の姿勢を体験した」と三つの理由をあげている。この楽観的な態度こそ、広中のエネルギーの秘密かもしれない。あるいは、これは、京都大数学科で仲の良かった同級生小針晛宏《あきひろ》と鍛えた「くそ度胸」のせいなのだろうか。

ところで、この論文を書いていた一九五五年には、有名な東京・日光の「代数的整数論に関する国際シンポジウム」が開かれている。そこには整数論にどんどん代数幾何の手法が取り入れられている現場があった。その動きの総本山であるアンドレ・ヴェイユら世界的な数学者が何人も集まっていた。日本人でも、あの谷山－志村予想で有名な谷山豊が大活躍している（彼はシンポジウムの後で「代数幾何学と整数論」という文章を書いている）。もちろん、京大勢も秋月康夫をはじめとして計八人が出席している。出席者に一年上の大学院生であった松村英之の名前は見えるのだが、広中の名前は見当たらない。初の論文に取り組んでいる最中で余裕がなかったのだろうか？　数論には興味がなかったのだろうか？　もし、このとき、広中がヴェイユに会っていたら……その人生は大きく変わっていたかもしれない。

米国の学問との出会い

日本の代数的整数論の転機といえ、代数幾何への刺激も大きかった一九五五年は広中にとってなんの年でもなかった。広中の転機は、その翌年であった。

代数幾何学の最前線をゆくオスカー・ザリスキーが日本を訪問した。大学から一年の休暇を得て、世界各地の数学拠点を回る旅行の一環であった。秋月セミナーのOBですでに渡米していた井草準一、松阪輝久らとザリスキーの関係の深さから、日本に来れば、京都を訪ねるのは必定であった。

東京を早々と切り上げたザリスキーは秋の京都で約一か月を過ごした。「代数曲面の極小モデルの理論」について十四回の講義をし、さらに週二回のセミナーにも付き合った。そのセミナーで、広中は自分の論文をザリスキーに説明するチャンスを得たのである。広中の論文のタイトルは「大局環上の代数幾何についてのノート　特殊化の過程におけるヒルベルト特性関数の不変量」であった。

広中の英語力は「数学を語るには力不足」であったという。先輩の中井や中野が助け舟を出したが、広中には話を聞くザリスキーが困惑し、苛立ってさえいるように見えた。

しかし、案ずるより……ザリスキーはその論文を米国の雑誌に投稿するように広中に勧め、さらに大学院生としてハーバード大学に来たいならアメリカの奨学金が受け取れるだろう（ということは自分が推薦する、という意味だ）とさえ言ったのである。なんというチャンスなのだろう。ザリスキーは広中の才能をわずか一回のセミナーで見抜いたのである。ちょうど永田雅宜も、客員教授としてハーバード大学に招かれていた。

広中はすっかり成長し、自信をつけた。渡米直前の七月、赤倉で開催された代数幾何シンポジウムで広中は大活躍だった。東大の河田敬義《ゆきよし》が「広中さんの話は、巧まずして名講演になっていた」と褒めちぎるほどの出来だったのである。

ハーバードからパリへ

一九五七年九月九日、広中の乗った氷川丸は米・シアトルに到着、米国での留学生活が始まった。ザリスキーは厳しい指導で有名である。ハーバードで二十年間指導しても博士号を取らせた学生は八人ほど（通常の五分の一程度）しかいないという。たとえ博士号をとっても、代数幾何から他の分野へいく人も少なくなかった。たとえば、有限単純群の分類で有名なゴレンシュタインはザリスキー門下であったが、代数幾何から専門を変更した。

ところが、広中がハーバードに来たときは、まさにザリスキー一家の黄金時代であった。広中と同期になったザリスキーの学生が二人いた。一人は、デヴィッド・マンフォード。英国サセックス生まれだが、飛び級に飛び級を重ねてハーバード大を卒業、大学院生となった。学部から同じ大学の大学院へいくのは珍しく、たまに現れる「これは外に出せない」という優秀学生の典型であったのだ。彼が六〇年代に書いた『The Red Book』という代数幾何の講義ノートは、その後のバイブル的存在ともなった。教師を怖れさせるほど頭のキレるマンフォードは、広中の同期といいながら年は六歳も下であった。

一方、もう一人の同期生、マイケル・アルティンは、一斉を風靡したドイツの大数学者エミール・アルティンの息子で、マンフォードと並べるとそれほど優秀には見えないが、しっかりと本質をおさえる力強さがあった。

マンフォードは、後にハーバード大学の教授として広中と部屋を並べ、七四年にはフィールズ賞も受賞した。アルティンも、すぐそばのマサチューセッツ工科大学の教授となっている。さらには、代数幾何の名教科書の著者で、森重文の大仕事のきっかけとなった「ハーツホーン予想」を唱えたロビン・ハーツホーンもそばにいたのである。彼らとがっぷり四つに組むだけの力が広中にもあった。「偉い先生の周りには優秀な連中がいる。彼らがいるから僕も頑張って勉強せざるを得ない」と広中はいう。

さらにもう一つの強烈な出会いがあった。代数幾何に「革命」を起こした伝説的数学者アレクサンドル・グロタンディークが五八年、一年間の講義をしにハーバード大学へやってきたのである。

ドイツ・ベルリンに生まれ収容所生活を経て、フランスで数学者としての芽を出したグロタンディークは一九五〇年代から数論と代数幾何に照準を合わせ、ブルドーザーのような精力的活動を始めていた。一九五八年、英国・エジンバラで開かれた国際数学者会議（ＩＣＭ）の招待講演で、代数多様体概念の革命的一般化、スキーム理論を提唱、代数幾何学の根本的

広中平祐
（1977年、数学セミナー編集部撮影）

書き換えを目指すと宣言していた。ハーバードの講義の内容は、まさにその構築中のスキーム論が中心となった。この講義は、この年ハーバード大数学教室の主任となったザリスキーの代数幾何研究の強化を目指した目玉企画ともいうべきものであった。

ザリスキーの精鋭たちは見事、グロタンディークの数学のとりことなった。アルティンはエタール・コホモロジー論を展開した。マンフォードは標数 p の代数曲面論をグロタンディークのことばで展開した。広中はグロタンディークの講義を聴き続けた。いろいろな話をするうちに、彼から「講義が終わったらパリのＩＨＥＳへ来ないか」と声をかけられた。渡りに船だった。逆に、この講義をきっかけにした人と人の接触は、当時新設の高等科学研究所（ＩＨＥＳ、フランス・パリ）の研究員となったばかりのグロタンディークの「優秀な才能を教え育てる欲望」に火をつけたのである。

翌一九五九年末、広中はパリに現れた。一九五八年に創立されたばかりのＩＨＥＳは事務室と講義室を間借りし、所長ジャン・デュードネ、所員はグロタンディークのみというささやかな研究所だったが、広中を大いに刺激した。広中はグロタンディークのエネルギッシュな様をこう描写している。「河のない所に洪水を起こすような、バキュームクリーナーに大きな機関車をつけて数学の世界を走り回るような人物」「一日百枚、二百枚と論文を書く」……。これは誇張ではなかった。翌年に出版がスタートしたグロタンディークの著書、ＥＧＡ（『代数幾何学原論』）は最終的に一八〇二ページ、ＳＧＡ（『代数幾何セミナー』）は六千ページを超えるのである。

広中はもちろん、スキームなどの抽象的手法を学んだが、それだけではなかった。「グロタンディークという人は大局的にものを見るのが上手な人だから、そういう彼から非常によい観点を学ぶことができたわけだ」といっているのだ。

パリ留学前、特異点解消という問題は広中の心の底には存在し続けたが、なかなか表立ってはこない。ハーバードで力を入れたのは、「双有理変換」、「特異点」そのものなど、代数幾何の先端というよりは、基礎の基礎といえる事項だった。それでも、留学二年目には、アルティンと共にザリスキーの特異点解消理論（大学四年で西三重雄に紹介を聞いた）を勉強するという機会もあった。さらにザリスキー門下で特異点の問題に興味を持っていたシェリーラム・アビヤンカーと議論もした。特異点解消問題は広中にとって徐々に「現実味を帯びた夢」となっていた。しかしまだ、解決への道は見えなかった。

パリのIHES留学からハーバードに戻り、「正則な双有理変換をモノイダル変換の積に分解する条件」をテーマに博士論文「双有理的ブローアップについて」を仕上げた（これは、特異点解消についての基本的な技法について調べた研究だったが、実はこの中で、後に森重文が極小モデル構築に使う「錐」という概念が定義されていた）。課程を修了すると、すぐにブランダイス大学（米マサチューセッツ州ウォルサム）の講師に決まった。このころから、広中は特異点解消問題に本格的にのめり込んでいく。

特異点を消すにはどうするのか。多項式で表された図形の一部に「ふくらまし変換」（これがブローアップである）をすると、その特異点が少なくなる場合があることが知られていた。一挙になくすことは難しく、特異点の特徴をとらえながら徐々に変換を加えて、だんだんに減らすというのが方針だった。しかし、その処理の際、正しく特異点が減っているかどうかをどうやって確かめたらいいのかというのははっきりしなかったという。

広中は、特異点の性質をあらわすν^*（重複の様子をあらわす）、τ^*（尖り具合をあらわす）という二つの量を定義して、それを参照しながら特異点を減らしていけばいいことを示した。特異性がブローアップで決して増えることがないことを保証するための条件として「法平坦性」という概念も導入した。図形の特異性を一般的に四つの状況に分け、図形の次元（一次元なら曲線、二次元なら曲面、というように）Nを細かく場合に分けて、四重帰納法という数学でもこれまであまり使われたことのない複雑な手法を使って、特異点の解消がすべての次元で可能なことを証明したのである。一九六二年のことで、初めて「特異点解消」という話を聞いてから九年目であった。

途中にいろいろな障害もあったことを広中は記している。世界的数学者のクロード・シュヴァレーが「解けるわけがない、解いても意味は少ない」といったというのが漏れ聞こえてきたり、ハーバードを訪れた尊敬するグロタンディークに特異点解消の話をしてもほとんど耳を傾けてくれず罵倒されたりしたという。励ましてくれるのは、その問題の困難さを熟知している師匠のザリスキーくらいであった。「特異点解消問題に取り組んでいる」と聞いた彼は「（難問を解こうというなら）歯を丈夫にしておけ」とユーモアで返してくれたのだ。

執筆に二か月をかけた論文「標数0の体の上の代数多様体の特異点の解消」は、印刷ページにすれば二一八ページという膨大さであった。タイプ原稿はもっと分厚く、後に「広中の電話帳」とあだ名された。印刷された論文は雑誌一冊には載り切らず、冒頭に「この論文はその長さのために、二つに分けて出版される」と異例の断り書きがある。

広中は一九六二年八月二十二日、ストックホルムで開催された国際数学者会議で特異点解消についての自らの成果を三十分にわたって話した。その最後では「これらの定理が、特異点解消問題の上記のような帰納的定式化の底流となっている幾何的意味をはっきりさせるのに役に立つことを希望する」と結んだ。

広中が代数多様体の特異点解消問題を解くには、三つの先人の「伝統」が必要だった。一つ目はザリスキーが特異点解消問題を中心として作り上げてきた代数幾何学の数々のアイデア、二つ目は秋月スクールの永田雅宜が

(A) Given (N, n) such that $N > n \geqslant 1$,

$$\text{Theorems}\ \left\{\begin{array}{lll} I_F^{N',n'} & \text{with} & n' < N' < N, \\ I_U^{N,n''} & \text{with} & n'' < n, \\ II^{N'} & \text{with} & N' < N \end{array}\right\} \Rightarrow \text{Theorem } I_F^{N,n},$$

(B) Given (N, n) such that $N > n \geqslant 1$,

$$\text{Theorems}\ \left\{\begin{array}{lll} I_U^{N',n'} & \text{with} & n' < N' < N, \\ I_U^{N,n''} & \text{with} & n'' < n, \\ I_F^{N'',n''} & \text{with} & \left\{\begin{array}{l} N'' \leqslant N, \\ n'' \leqslant n, \\ n'' < N'', \end{array}\right. \\ II^{N'} & \text{with} & N' < N \end{array}\right\} \Rightarrow \text{Theorem } I_U^{N,n},$$

(C) Given $N \geqslant 2$,

$$\text{Theorems}\ \left\{\begin{array}{lll} II_F^{N'} & \text{with} & N' < N, \\ I_U^{N'',n''} & \text{with} & n'' < N'' \leqslant N, \\ II^{N'} & \text{with} & N' < N \end{array}\right\} \Rightarrow \text{Theorem } II_F^{N},$$

(D) Given $N \geqslant 2$,

$$\text{Theorems}\ \left\{\begin{array}{lll} II^{N'} & \text{with} & N' < N, \\ I_U^{N'',n''} & \text{with} & n'' < N'' \leqslant N, \\ II_F^{N''} & \text{with} & N'' \leqslant N \end{array}\right\} \Rightarrow \text{Theorem } II^{N}.$$

広中が特異点解消で使った「4重帰納法」の概要。これを使ってすべての次元 N に対して特異点が解消できることを証明した。1962年の国際数学者会議での報告から。

根本から作った局所環論、そして三つ目がグロタンディークの持つ代数幾何についての「大局観」だ、というのである。どれか一つではおよそ解けなかったし、どれか一つが欠けても解けなかった。さらに先人の誰かが、このように他の先人の仕事を学ぶのも難しかった。その誰にも親しく付き合うチャンスを持てた広中こそが、その三つの伝統を結びつけ、「特異点解消」に持ち込むことができたというわけである。

この後も、広中は特異点の問題に取り組み続ける。フィールズ賞を受けた七〇年の国際数学者会議では、さらに広い「複素解析空間」における図形の「特異点解消問題」について話している。それは、特異点の集合を「土」、それを解消しようとする変換の繰り返しを「樹」などと見立てて全体を「庭園理論」と名付けた。局所的な特異点解消方法のすべてを集めて、全体の構造をつかもうというものだった。庭のイメージは、パリで暮らしたアパートのトイレに貼ってあった中国の詩の翻訳からだという。それは、「もし、あなたが一時間幸福でありたいなら一本のワインを飲みなさい」から始まり、「もし、一生幸福でありたいなら、庭師になりなさい」で結ばれていた。

広中は一九七五年にハーバード大学から京都大数理解析研究所に併任教授としてやってきた。一九八三年から八五年までは所長を勤め、八八年に退任している。その後、山口大学の学長を勤めるが、むしろ、京大在任中の一九八〇年に立ち上げた夏休み合宿型セミナーで高校生など若い世代に数理科学の勉学の機会を与えようという「数理の翼」（現在、特定非営利活動法人）や数理科学の研究助成をおこなおうという数理科学振興会などの活動に力を入れていることが知られている。

第二景――はにかみ屋が作った極小モデル

森重文が、数学という存在に目覚めたのは、大学受験雑誌『大学への数学』のおかげだった。目玉は今も続いている各号巻末の「学力コンテスト」(通称・学コン)である。毎回六題の問題を解き、編集部に送ると採点・添削されて戻ってくる。高校レベルでは最高といえる問題に全国の数学好き高校生は頭をつかうのであるが、森は一九六〇年代終わりに、ほぼ毎回満点を続けた「伝説の人」であった。

その答案の一つを、森は大切に保存していた。一五〇点満点の一四五点だから点数的には森は不本意かもしれない。しかし、その講評に森は奮い立たせられたのである。「四の解答の素晴らしさには驚きました。点数は関係なく席次は一番にしておきます」とあった。三角格子の上で点間の距離を求めるあまり見かけない問題であった。学コンに出題される問題は、教科書をなぞるものではなくその上のレベルのものだ。それに対して、常に、森の答案は単に正解を導くだけではなかった。その解法にはすでに非凡さを感じさせるものがあったのだ。先の講評を書いたのは、同誌の編集長を勤めた福田邦彦である。学コンの出題者も務め、そのような問題への高校生たちの反応を知り尽くしていた。彼はずっと森の答案を担当し続けていた。受験数学の世界で、高校生のための添削テストという「小さな窓」から森の能力を見抜き、密かに応援していたのが福田であった。森も学コンという月一回のチャレンジで、「問題を考えぬく」という、数学にもっとも大切な能力を育んでいた。

森が高校生活を送った一九六〇年代の終わりは、安保改定を前にして、高校も大学も学生運動で荒れた時代だった。森が志望した東京大学では、安田講堂封鎖・機動隊導入のあおりを食って一九六九年度の入試は中止となった。森も志望を京都大学理学部に変更して、入試を受けた。当然のように合格した。この選択こそ、森の運命、いや、日本の数学の明日を変えたのかもしれない。

勝手気ままの数学三昧

森は、ずっとはにかみ屋のこどもだったという。しかし、算数でほめられたことから、だんだん自信を持った。高校で数学少年ではあったが、大学数学を先取りするようなことはなかったという。高校時代立ち上げた「数学研究同好会」でも勉強したのは「せいぜい三次方程式の解法とか」だったようだ。「大学に入ったら……」という数学への渇望感があったに違いない。しかし、荒れた学園では、授業はなかった。数学への情熱は、自主ゼミへと向いた。理学部のクラス有志でファン・デル・ヴェルデンの名著『現代代数学』を読み始めたのである。クラスの担任であった岩井齊良《あきら》を相談役として授業のなかった半年が過ぎる。代数への思いはここで芽吹いた。他にするべきこともなく、数学三昧の半年間はまるで「天国」のようであったという。

二年のころから、整数論を研究していた土井公二の研究室に入り浸った。秋ごろ、そこで薦められたヴェイユの伝説の教科書『代数幾何学の基礎』を読みふけった。「読み終わりました」といったら「ではこの本」、「これも読んでしまって……」「では……」という具合で、同じ著者の続く二冊『代数曲線とそれに関連する多様体について』『アーベル多様体と代数曲線』、いわゆるヴェイユの「代数幾何学三部作」を半年ほどで読み上げたのである。大学院生でも読みこなすのは難しい三部作だっただけに、「もう読んでしまったの?」と周りはびっくりだった。

土井が志村五郎との共同研究で多忙になると、二年のときに代数の問題を解く授業（代数演義）を担当した永田雅宜との付き合いが始まる。永田は可換環論を専門とし、「反例の永田」として知られた。たとえば、不変式論に関するヒルベルトの第十四問題に対し、永田は米国滞在中に反例を作って否定的解決を得ている。研究者には「早く証明しないと永田が反例を作って潰してしまうぞ」と怖れられたという「逸話」もあるほどだ。永田自慢の反例の一つ「鎖条件を満たさない環」という論文を、森は「まるでSFの世界をみるようだ」と楽しんだ。「あるところが曲線なのに、また違うあるところは曲面、そういうのが綺麗につながっている図形でした」。常識にとらわれずに図形を一般化したり、拡張したりするのにまったく抵抗がない、という森の「図形感覚」はこういうところで生まれたようだ。

好きな本をどんどん読んで先に進み、気に入った講義や演習は何回も聴き、自由に、気の赴くままに好きな数学をしていくスタイルはこのころから森のものとなった。四年生のとき、永田からはいくつもの問題をもらった。一つは「アフィン平面の自己同型について」で、解いた解答は数理解析研究所で発表され、その記録が同研究所講究録に掲載されている。これが森の「デビュー」だった。もう一つの問題は「面白い構造を持つ三次元有理多様体をつくれ」だったが、こちらはすぐには解答が書けなかった。この問いはずっと頭に残り、極小モデル・プログラムの研究で扱った「三次元ファノ多様体」というものへの興味に育った。大学院に入った森は、自由闊達な雰囲気の中ですくすくと育った。あまりしゃべらない永田とこれもシャイな森の間をつないだのが、おしゃべりでにぎやかな丸山正樹だった。七五年修士課程を終えると同時に京都大学の助手となった。

転んでもただでは起きず

一九六九年、ザリスキーの弟子の一人であったロビン・ハーツホーンは講義の中で一つの問題を出した。「n次元の代数多様体という図形のうち『膨らんでいるもの』は基本的に一種しかない(すべてn次元射影空間というものに還元できる)」というもので、「代数多様体」という代数幾何学では中心的存在となる図形の大事な特徴についての問題だった。二次元以下は自ら証明したが、それ以上の次元では手つかずだった。七〇年代、代数幾何学者はこれを「ハーツホーン予想」と呼び、解決へのチャレンジが重ねられた。

七六年、大阪大学の満渕《まぶち》俊樹が、ハーツホーン予想に類似の微分幾何学における問題(フランケル予想)について三次元の場合を解いたというニュースが流れた。当時、京大で少し前からこの予想について研究していた隅広《くまひろ》秀康は森から夜半の電話連絡をもらう。「すぐに議論がしたい」というのである。森がやってきて二人の議論は日付が変わっても続いた。森と隅広の協力で翌年、三次元の場合のハーツホーン予想が解決される。これで高次元（代数幾何では三次元以上を高次元という）の図形の見方がすっかり変わったという。

森はその後、広中平祐を中心に世界の代数幾何学をリードしていたハーバード大学の助教授となって、アメリカに研究場所を移した。森はハーツホーン予想解決の最後の仕上げにかかり、七八年の授業のない夏にじっくり考えて、一般のn次元の場合の証明を完成させた。

この証明の過程では、一九七九年に発表した論文には書かれていない面白いことがあったと森はいう。

「問題がすぐに解けないときはいろんな別の条件をつけて解くことがよくある。ハーツホーン予想でそれを試したわけです。そしたら『解けた』と思った。でもよく調べたら、間違っていた」。自分の解法をよく調べると、出てこないはずの有理曲線の存在が証明できていることがわかった。これはもとの方針からすると理論破綻だった。「こんなはずじゃない」と思いながら、よく考えると、それが存在すれば、

森重文
（2013年、筆者撮影）

正しい証明につながるはずと気がついた。これがブレークスルーとなって、それから一週間も経たずにハーツホーン予想は証明できたのだった。

ハーツホーン予想という問題は、問題とする図形の上に「有理曲線」という簡単な図形が乗っているかどうかを調べることが大事になる。そのときには、図形の世界を一旦広げて「病的」ともいえる状態にしてから、元の世界の図形がどうなっているかを調べることまでしたのがカギになった。

隅広によると、マイケル・アルティンはそれを読んで「水晶のように明晰」といったという。単にひとつの問題が解けただけではなかった。この問題を解くために作った方法は、大きな広がりを持っていたのである。有理曲線というものを考えなおしてより抽象化した形にもっていった「端射線」に結びつく。さらにその端射線が作る円錐や多角錐のような構造を調べた結果、錐定理という強力な道具を開発する。ここに、その後の極小モデルの存在を示す「森プログラム」の萌芽があった。

「分類」にかける情熱とは

数学では、前提と分類、が重要である。簡単ないくつかの「前提」から出発し、それが実は豊穣な世界を作り出すことを描いているうちに、そこに出てくる「役者」を「分類」し、その正確な特徴を把握しようとする。それが数学の大きな目標の一つである。それが固まれば、次は「前提」をさらに一般的なものにして、世界を広げていく。数学はそのようにして発展していく。

代数幾何学も例外ではない。代数式で図形をあらわす、という発想は、哲学者でもあった十七世紀のルネ・デカルトらが創った「解析幾何学」から始まったが、そこではギリシアのアポロニウスの円錐曲線論（円錐を平面で切ったとき、断面に現れる曲線を楕円、放物線、双曲線に分類した）を、代数的に再構成しきちんと分類することに成功したのであった。曲線は一次元の「代数多様体」である。これは種数（g）という整数で分類され、美しく秩序だっていることがわかった。さらに二次元の曲面論を展開したのは、十九世紀末から二十世紀初頭の代数幾何学イタリア学派（ギードー・カステルヌオーヴォ、フェデリーゴ・エンリケス、フランチェスコ・セヴェリら）だった。彼らは代数方程式で表される二次元の「代数多様体」＝曲面を分類した。その後の厳密な数学から見れば、あやふやなところも残ったが、曲りなりに分類は成功した。その過程で三次元の「代数多様体」（もう、曲線とか曲面という目に見える現実世界は超えた「数学世界」の存在である）について考察したのだが、二次元で得られた結論を三次元へ拡張することはできず、彼らにとっては途方もなく困難な問題であることがわかっただけであった。ある山頂を制覇したとしても、もう一つの別の山頂に登ろうとするなら、もう一度、下まで降りて一歩一歩踏みしめながら登ることしかなかったのである。

そのための「足場」となる抽象代数学による代数幾何の基礎付けが、二十世紀からおこなわれ（コラム参照）、一九七〇年代初頭までにグロタンディークによって集大成された。ここで、三次元の「代数多様体」分類の問題に再び挑む用意ができた。

一九六〇年代、代数多様体も含む「複素多様体」について一般的に考え、それまでのイタリア学派の成果を乗り越えた曲面論を作り上げたのは日本の小平邦彦であった。折からその上にあるおかしな点「特異点」を除去する広中の「特異点解消定理」の証明がなされ、「代数多様体」を基礎的なものに還元していく方法論も確立してきた。当然、そこから三次元の場合の代数多様体を分類することが試みられた。

代数幾何学での「分類」は、何を基礎にするのか？　いろいろ存在する代数多様体の間でお互いの関係をつけるのが「双有理変換」という存在である。これは、特異点解消問題で、特異点を消していく操作と同様のもので、変換を繰り返すうちに次第に「簡単な」ものが得られるようになる。曲線や曲面での曲がり具合を示す「曲率」に対応する「標準因子」（Kで表される）の変化を見ていって、それが最小になるものが「もっとも簡単な図形」である、とするのが「極小モデル」である。一次元、二次元では、この方法が成功し、一次元ではすべての曲線が特異点を解消すれば同じ「極小モデル」に帰着する。二次元では繊織面というものになるか、ただ一つの「極小モデル」になる、のどちらかであるということがわかった。一、二次元では「極小モデル」というものを軸にして「代数多様体」を分類することができた。

問題は三次元であった。特異点を解消しても最後に異常な点が残り、特異点のない「極小モデル」がなかなか作れない。小平の弟子、飯高《いいたか》茂や上野健爾《けんじ》は扱いづらい特異点を避け、そのプログラムでは極小モデルによる分類をあきらめて、自ら定義した「小平次元」という変換で変わらない量（不変量）で代数多様体を分類することを提唱したのである。これが一九七〇年に提唱された「飯高プログラム」で、七〇年代の代数幾何学の中心問題の一つとなった。飯高に加え、上野、藤田隆夫、川又雄二郎らにより研究に力が入ったが、なかなか最終結論に至らなかった。

一方、森は一九七九年六月、理論の概要について一般科学誌である『米国アカデミー紀要』に二ページの短い速報「標準束が数値的非負でない三次元多様体」を発表した（詳細論文は八二年）。ここで、ハーツホーン予想解決を超えたいわゆる「森プログラム」あるいは「森理論」への一歩を踏み出したのである。一九八〇年、広中平祐が主催するハーバード大学の代数幾何学セミナーで、森は錐体についての自らの理論について話した。森のライバルの一人ともいえる英国ウォーリック大学のマイルス・リードは、それを聴いていたマンフォードからの手紙で、森が三次元の代数多様体に取り組んでいることを知った。リードはこういう。「森がセミナーで自分の仕事について紹介した後でも、彼の錐体定理の意味をしっかりつかんでいたもの

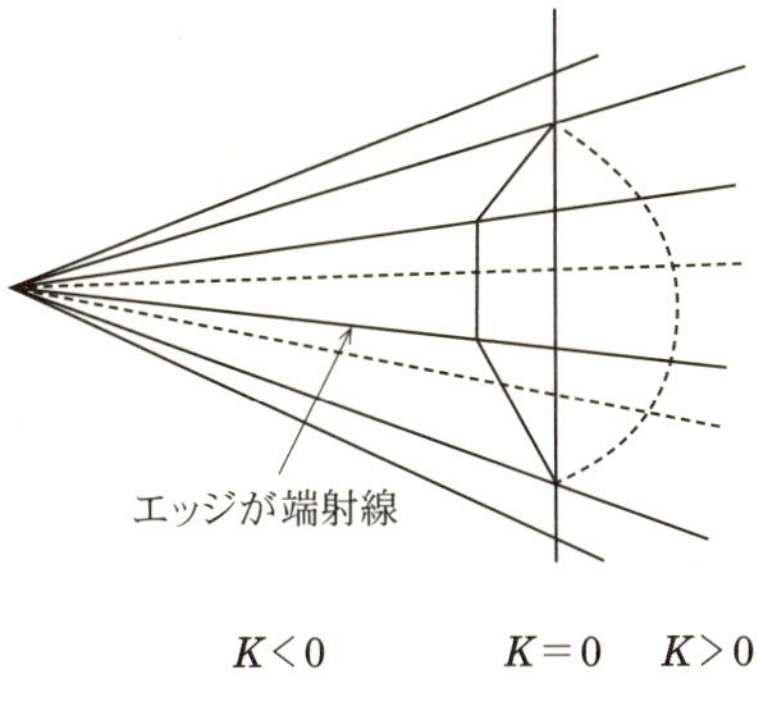

「錐体」（コーン）の森のイメージ。端射線にもとの代数多様体の特徴が詰まっている。元の図形の曲がり具合にあたる「標準因子」K で錐体の見かけが変わってくる。

は、誰もいなかった……(『米国アカデミー紀要』に)研究の結果紹介が出たときも、われわれに好奇心を喚起しただけだった。そして、詳細な論文のプレプリントを受け取って、錐体が三次元多様体上の面の縮約に関係するなんて、ほんとに小憎らしいほど頭のいいやつだと感心した」と書いている(M. Reid 他編『Explicit Birational Geometry of 3-folds』所収の「Twenty five years of 3-folds —— a old person's view」から)。

森にとって、「錐体」という図形は、「もとの代数多様体の特徴を描ききっている『絵』」である。「描こうとしてもうまく描けないし、見ようとしてもうまく見えないものなのですが、特徴だけを抽出してくることによって、本当にコーン(錐体)のような形になってくるのです」。それは絵画でいえば「具象画に対するキュービズム」に相当するというのが森自身のたとえである。

極小モデルへの長くくねった道

森プログラムあるいは森理論とは、与えられた代数多様体という「図形」から出発して、収縮写像、あるいは三次元以上の次元で特有の変換であるフリップという双有理変換を繰り返して標準因子Kを減少させていく過程をいう。その末に、基本となる「極小モデル」があるはずなのである。プログラム完成を目指し、森の努力とともに、いろいろな人の援護攻撃が始まる。このとき、端射線理論の応用としてファノ多様体という自然に出てくる図形の三次元の場合の分類を向井茂(後に数理解析研で同僚となる)と取り組んだのは後に光ってくる。

一九八一年、プリンストン高等研究所に滞在していた森は、ばったり松阪輝久に出会った。京大で秋月に学び代数幾何学を専攻した大先輩である。松阪は一九五四年にヴェイユに招かれて在米を続け、このときはブランダイス大学に勤めていた。ハーツホーン予想の話、それ以後の極小モデルをめざす話を聞いてもらった。しばらくして、森を若い一人の数学者が訪ねてきた。松阪の愛弟子でハンガリー生まれのヤーノシュ・コラーである。

コラーは、森がハーツホーン予想で証明した有理曲線の存在定理の議論を少し変えるだけで、ファノ多様体の上には十分にたくさんの有理曲線が載っていることがごく一般の次元で証明できると伝えた。森はそれを聞いて仰天した。これは分類的特徴をつかむ第一歩だった。これからコラーとの共同研究が始まったのである。

フリップの計算は複雑で困難で面倒である。しかし、それをやれば霧が晴れると森が確信したのはプリンストンにいたときだった。コラーとの研究が、方向を示す指針になったのであろう。「何年かかるかわからないが、とにかく計算しよう」。そう覚悟した一九八二年であった。それから森は毎日のようにフリップの計算に没頭した。それは八二年に名古屋に帰っても続いた。出たばかりの16ビット・パソコンを買い込み、プログラムを組んでは計算させ、膨大な計算例を積み重ねていった。

一方、ウォーリック大学のマイルス・リードは標準特異点、その解消の途中に現れる末端特異点という二つの特別な特異点の概念に到達、このような特異点を持つ多様体は曲がり具合を示す「標準因子」が好ましい性質を持つことがわかった。つまり、そういう特異点なら、持っていても構わないということになる。また、川又は、小平消滅定理の一般化を示し、極小モデル理論のカギとなる固定点自由化定理を証明した。標準因子次第で、三次元多様体の特異点解消後の異常さがなくなることがわかったのである。さらに、この固定点自由化定理を使えば、錐定理の一般化ができることもわかった。

飯高はいう。「リードは勇敢にも扱える特異点ということを定義して極小モデルへの道を開いた。われわれの世代は『特異点があって極小モデルなんてできるものか、本当か?』と思ったけれど、われわれより下の世代は率直にそれを受け止めたんだなあ」。

川又らの仕事のおかげで、残りはフリップという操作についての謎 ①フリップはそもそも存在するのか ②フリップは有限回やれば止まるのか、という二つの「フリップ予想」について答えるという難問が残った。②はV・ショクロフが一九八五年に証明、①も森が末端特異点の複雑な分類をやり遂げた挙句に、一九八八年に一三〇ページを超える長大な論文で証明を完成した。これで、森は自ら始めた極小モデル・プログラムを見事に完成させたことになる。

どんな三次元代数多様体を持って来ても、広中の方法で特異点を解消し、フリップという変換を繰り返して極小モデル・プログラムを実行していくと、最後には極小モデルか森ファイバー空間かどちらかになる。極小モデル・プログラムの研究は、七九年から始まって、ざっと八年かかった。

そのうちのほとんどはフリップ予想の証明のために試行錯誤したという(森とコラーの共著である

教科書にも、フリップ予想証明のすべては書かれていない。あまりにも複雑で「教科書には適さない」というのである）。

一九九〇年、名古屋大から京都大学数理解析研究所の教授となった森は、京都で開かれた国際数学者会議でフィールズ賞を受けた。このとき、浪川幸彦のインタビューを受けて森はこんなふうに話している。

「きちっと分類するというのは、どうも性格に合いません。数学にも個人個人の性格が反映するんです。三次元には分類論も含めて、わからない問題がまだいっぱいあります。……数学は問題ごとにイメージを持つわけだから、そこにその人の感受性と相性の善し悪しがあると思います。だから、その中で興味を持てる方向に進んで行くだろうと思うだけです」（『数学セミナー』一九九一年二月臨時増刊、受賞者インタビューから）

その通り、森はマイペースでその後も研究を続けている。数理解析研でも若手が活躍している。森の証明で、三次元極小モデルの研究が一段落すると、さらに四次元以上の高次元への挑戦を目指す研究があちこちで始まった。ショクロフによる高次元フリップの研究、それを一つ次元の低い極小モデルから導く研究（ヘイコンとマッカーナン）などが進んだ。森理論と代数幾何学は、単なる図形の分類理論にとどまらず、新しい数学的概念である「導来圏」、超弦理論への応用、特にミラー対称性などとの関係を深めている。まだまだ奥の深い数学がそこにはある。

●コラム……………

早わかり　代数幾何学の歴史

$x^2+y^2=1$は原点を中心とした半径1の円……。「円の定義はそれが一番自然だ」といって物議をかもしたのは佐藤幹夫だったが、それはさておき、このように図形を数式であらわす解析幾何学（座標の計算で図形の性質を調べる数学）こそ、代数幾何学のルーツである。それを始めたのは十七世紀のデカルト（哲学者としても有名だ）とフェルマー（あのフェルマー予想の発祥者である）だった。

フェルマーは古代ギリシアの数学者アポロニウスの『円錐曲線論』から解析幾何学を発想したといい、デカルトは、いわゆる円錐曲線でまとめられる楕円、放物線、双曲線が二次多項式で表されることを知っていた。その後の数学者には、もっと高次の式で表される曲線にはどんなものがあるか調べようとした人たちもいた。力学と微分積分学の祖であるニュートンも挑戦したというが、なかなかうまくいかないものであった。

三次元の図形を二次元に投影する幾何学は、ルネサンスのころからあったが、そこから発展して「一点からの射影で変わらない性質」を調べる射影幾何学が誕生したのは十九世紀のナポレオン時代、発明者はポンスレといった。これは、平面に無限遠直線を加えた「射影平面」という空間では、座標を比であらわす「斉次座標」というものを使うと、楕円、双曲線、放物線が統一的に理解できるという画期的なものだった。ここで使われた有理写像という図形から図形への対応が、後に代数幾何学で重要になった（逆の対応もあれば双有理写像という）。代数幾何学はその延長で、複数の多項式の共通ゼロ点が作る図形の性質を研究する。

ガウス、アーベルやヤコビによる楕円関数の研究を基礎として、リーマンらによって複素関数論と解析学を道具として、多項式で表される代数関数とそれが描く図形が研究された。それは、ヤコビ多様体、リーマン－ロッホの定理などを産み、さらにワイルによりリーマン面の理論につながった。後に小平邦彦がそれを高次元にしたワイルの調和積分論は新しい幾何学の始まりだった。さらに代数関数の理論は数論によく似た構造を持ち、ここで代数幾何学と数論の関係がぼんやりと見えてきたのだった。リーマンの理論は、クレプシュ、ゴルダン、マックス・ネーターらによって代数的、幾何的に扱われ、代数曲線論が作られた。また、数論に絡んだ代数関数論については、デデキントやウェーバーがさらに深めた。

一方、解析幾何学的な伝統は、イタリアで受け継がれて生き続ける。代数幾何学のイタリア学派といわれるカステルヌオーヴォ、エンリケス、セヴェリらの間で、曲線や曲面の理論、あるいはそれらの交点についての議論などがおこなわれ、魅力ある幾何の世界が構築されたものの、彼らは幾何学的な直感に頼りすぎ、数学的に正確とはいえない議論がはびこってしまった。幾何学的手法では、数学的厳密性を保つことができなくなってしまったのである。

その窮状を救ったのは、代数であった。四則演算（つまり＋－×÷）という簡単な操作から出発し、群、環、体という数学的対象の厳密な構造、計算手順のあり方などを一般的に分析しようとする代数は、近似や直感の入らない正確な論理をきっちりと支えるものであった。代数幾何を、代数のことば、特に可換環論やイデアル論ということばで書き直すことは、二十世紀も迫った時期に、抽象代数の産みの親ともいうべきドイツのエミー・ネーター、ファン・デル・ヴェルデンらの手で始まった。

一九三〇年代から四〇年代にかけて、その方向をさらに発展させたのが、ポーランド生まれでドイツ、イタリアを経て米国へ渡ったザリスキーと、リーマン予想をはじめとする数論の問題に挑むために道具としての代数幾何に目をつけたフランスのヴェイユであった。

イタリア学派のもとで勉強し『代数曲面論』(一九三五)をまとめる中で、代数幾何学の厳密化の必要性を痛感したザリスキーは、特異点の解消、極小モデルの確立などいわゆる双有理幾何学の基礎付けを行い、さらにハーバード大学では多くの後継者を育てた。数論の大難問であるリーマン予想に注目していたヴェイユは、それに使うべく代数幾何学の基礎付けを行う作業を通じて『代数幾何学の基礎』をはじめとする通称「三部作」を四〇年代後半に発表、さらに、代数多様体の世界でもリーマン予想類似の現象が成立するはずというヴェイユ予想を一九四九年に提唱して、多くの数学者に刺激を与えた。

一九五〇年代前半には、リーマン面の理論を高次元化した小平邦彦がプリンストン高等研究所に滞在して複素多様体の理論を構築、いわゆる小平の消滅定理、変形理論、曲面論などを展開し、広い方面に影響を与えた。

ヴェイユの後を継いで、多変数関数論からのアイデアであるコホモロジーを使って、代数幾何学を構築しなおしたのが無国籍の異能の数学者グロタンディークであった。ヴェイユ予想の証明を目指して代数幾何学の抽象代数化を極限まで推し進めた「スキーム理論」を構築、膨大な未完の著書『代数幾何学原論』(EGA)を世に問うた。いまや、その考え方は現代の代数幾何学の「共通言語」となっている。さらにグロタンディークは抽象的な圏や関手という概念を導入して「革命」を進めたが、数学界にとっては残念なことに一九七三年、反戦思想を表明して活動を中止、隠遁生活に入ってしまった。ちょうどその頃、彼の目指したヴェイユ予想は愛弟子ドリーニュが証明した。

一九八〇年代になると、代数幾何学の世界はどんどん広くなった。マイルス・リードに従って分野の名称だけズラリとあげてみよう。曲線とアーベル多様体、代数曲面とドナルドソン理論、三次元多様体と高次元での分類理論、K理論と代数的サイクル、交点理論と数え上げの幾何学、一般コホモロジー理論、ホッジ理論、標数p、数論幾何学、特異点理論、超弦理論や計算機代数への応用、……。まさに代数幾何は豊穣の世界である。

●コラム……………………

京都の代数幾何

京大数学科の初代代数学講座の教授、園正造《そのまさぞう》（一八八六―一九六九）は、高木貞治に続く日本の近代代数学の原点の一人でもあった。一九一七年から一八年にかけて発表した四編の「合同について（On Congruences）」というシリーズ論文は、抽象代数学の祖ともいわれるドイツの数学者エミー・ネーターに先駆けて、可換環のイデアルについて考察した論文であった。その後、大いに使われるネーター環までいかなかったのは残念だったが、一九一九年から二〇年にかけての欧州外遊で英独仏の研究者に認められた「日本発の代数学」であった。「京大の代数幾何はこれだといえるような独特な研究をやろう」と戦前から主張していたという（秋月の追悼集『遺香』に収められた小松醇郎《あつお》の「秋月先生を偲ぶ」から）。園の可換環論は後に秋月康夫らに受け継がれ、まさに代数幾何の「土壌」となる。

一九〇二年、和歌山県に生まれた秋月康夫は、第三高等学校を経て京都大学に入学、数学を専攻して一九二六年に卒業、京大嘱託勤務を経て、二九年第三高等学校教授となった。数学を教えると同時に、ホッケーや野球、陸上など各部の部長として三高名物教授の一人だった。その影響を受けて数学者になったものには有限群論で知られる鈴木通夫《みちお》や伊藤昇《のぼる》、微分幾何の野水克《かつ》己《み》、リー群論の山辺英彦らがいる。一九四一年に書いた『輓近代数学の展望』(今はちくま学芸文庫で読める)は数学好きに大歓迎された。

秋月も園の系譜を引いて可換環論を研究していたが、第二次世界大戦は日本を欧米の最新情報から遮断した。一九三〇〜四〇年代の欧米での代数幾何学の見直しについて、日本の研究者はほとんど知らなかったし、独自の成果を上げることもできなかったのである。

戦後は追いつけ、追い越せ、となる。一九四八年、京大教授となった秋月は、園の代数学講座(第四講座)を引き継いだ。このときから、秋月のボス精神が発揮されたのである。自分の数学観に基づいて、出自を問わず〝できる〟数学者を京都に集めるという方針を打ち出した。その中核が代数幾何学であった。

一九四八年、戦前からプリンストン高等研究所に渡っていた角谷《かくたに》静夫は、戦中、一旦日本に帰ったが、一九四八年再びプリンストンに招かれた(岡潔の論文をヴェイユを通じてカルタンに送ったのも角谷だった）。秋月に一冊の本が角谷から送られた。アンドレ・ヴェイユの『代数幾何学の基礎』であった。秋月は、その本の真価を見抜き、娘の手を煩わせてタイプによるコピーを数部作らせた。それを京大だけでなく、東大の彌永昌吉や名古屋大学の中山正《ただし》らに送り、読ませたのだ。これが一つの起爆剤となった。

東大に送られたコピーは彌永から岩澤健吉、そして東京文理大にいた井草準一まで渡った。井草はヴェイユの合同ゼータ関数に対するリーマン予想の解決方法を自ら作り直した。これを論文にしたものに興味を持った秋月は、京大に井草を誘ったのである。四九年九月、井草は京都に移り、五三年に米国のザリスキーのもとにいくまで京大代数幾何の柱となった。その井草から秋月はド・ラーム－小平流の調和積分論を学び、その成果を上下二冊の本にまとめるという熱意を示した。

名古屋大学から可換環論で鳴らした永田雅宜を呼んだ（代数幾何ではないが名古屋大にいた確率論の伊藤清も呼んでおり、京大の数学を総合的に強化していたことがわかる）。五〇年代の秋月グループは、他に奥川光太郎、中野茂男、中井喜和、松阪輝久、森誉四郎、西三重雄がいた。さらに、若い松村英之、そして広中平祐、……。

こんな大学院生のリクルートの仕方もした。松村英之は鹿児島大学理学部四年生のとき、秋月の著書をむさぼり読んだ末、著者に質問の手紙を出した。それを受け取った秋月は、五題ばかりの数学の問題を松村に届け「解いてごらんなさい」と添え書きした。「面白くて適当に難しい問題」だったが、松村は解けた三題の解答を送ったところ、さらに三題が来た。一題しか解けなかったが、ともかく解答を送るとこんどは「京大の大学院で代数幾何を研究しないか」という誘いであった。松村はそれに従い、京大の大学院に入学、後に代数幾何・可換環論の専門家となったのである。秋月は一九六〇年東京教育大に移り、後に群馬大学長として勤務した。秋月のあとは永田が継ぎ、多くの弟子を育てた。森重文はその一人であった。

東京大学数学教室の代数幾何は、一九五四年にフィールズ賞を得て一九六七年に帰国した小平邦彦が始まりであった。小平は複素多様体論を中心に研究、飯高茂、上野健爾、浪川幸彦、宮岡洋一ら小平スクールを組織した。後身の東大大学院数理科学研究科ではずっとその系譜が続いている。

◉広中平祐年表……………………

一九三一年　山口県由宇町に生まれる。

一九五〇年　県立柳井高校卒業。四月、京都大学理学部入学。

一九五二年　数学専攻を決める。秋月康夫のセミナーに参加。

一九五三年　セミナーで西三重雄によるザリスキーの「三次元代数多様体の特異点解消」論文紹介を聞く。

一九五四年　京都大学大学院修士課程入学。

一九五五年　最初の論文「代数曲線の算術的種数と実効的な種数について」（一九五七年の『Memoirs of the College of Science, University of Kyoto. Series A: Mathematics』に掲載）『Mathematical Review』で酷評。

一九五六年　博士課程進学。十月、来日したザリスキーに二番めの論文「大局環上の代数幾何についてのノート　特殊化の過程におけるヒルベルト特性関数の不変量」を紹介する。（ザリスキーの推薦で一九五八年に『Illinois Journal of Mathematics』に掲載される）

一九五七年　七月、赤倉で代数幾何学シンポジウム。九月氷川丸でアメリカへ。ザリスキーのもとで「有理変換」「特異点」などについて学ぶ。デヴィッド・マンフォード、マイケル・アルティンがいた。

一九五八年　グロタンディーク、ハーバード大学でスキーム論の講義。特異点解消についてマイケル・アルティンとセミナー。コーネル大のアビヤンカーを訪ねる。

一九五九年末　フランス・パリのＩＨＥＳ（高等科学研究所）へ。当時、所員は四人。このころ小澤征爾と知り合う。

一九六〇年　六月、博士号取得。（正則な双有理変換をモノイダル変換の積に分解できるための条件を求める、という内容）

一九六二年　ブランダイス大学講師、翌年助教授になる。特異点解消に成功。（三つのもの　ザリスキーのアイデア、永田の局所環論、グロタンディークの大局観）

一九六三年　日本数学会年会で特異点解消について講演。岡潔にコメントされる。「広中さん、そんな方法では、問題は解けません。もっともっと難しい問題にしていくべきだ。あなたのような態度じゃ、問題は解けませんよ」「問題というものは、あなたのやり方とは逆に、具体的な問題からどんどん抽象していって、最終的にもっとも理想的な形にすることが大切だ。問題が理想的な姿になれば、自然に解けるはずですよ」。（『生きること学ぶこと』から）

一九六四年　代数多様体の特異点解消について述べた「Resolution of singularities of an algebraic variety over a field of characteristic zero 1, 2」を発表（『Annals of Mathematics』誌）。九月、コロンビア大学教授。

一九六七年　朝日賞。

一九六八年　ハーバード大学教授。

一九七〇年　学士院賞。九月、フランス・ニースの国際数学者会議でフィールズ賞。

一九七二年　複素多様体の特異点解消の大局観を述べた「Gardening of infinitely near singularities」を『Algebraic Geometry Oslo』に発表。庭園、森、土、樹などのアナロジー。

一九七五年　十一月、京都大学数理解析研究所教授（八八年十月二日まで）。十一月三日、文化勲章受章。

一九七九年　広中教育研究所設立。

一九八三年　四月、京都大学数理解析研究所所長（八五年一月まで）。

一九八四年　数理科学振興会設立。
一九九六年　山口大学学長。
二〇〇四年　レジオン・ドゥ・ヌール勲章受章。

●森重文年表……………

一九五一年　名古屋市生まれ。
一九六二年　東海中学へ進学、同高校で数学研究同好会設立。
一九六八年　二月号の『大学への数学』学コンで福田邦彦の絶賛を受ける。
一九六九年　京都大学理学部入学。半年間授業がなかった。担任の岩井齊良に頼み、ファン・デル・ヴェルデン『現代代数学』の自主ゼミ。（この年ハーツホーン予想が出る）
一九七〇年　永田雅宜の「代数学演義」の授業を受ける。土井公二（整数論）の研究室に入り浸る。ヴェイユの『代数幾何学の基礎』、曲線論（『代数曲線とそれに関連する多様体について』）、アーベル多様体（『アーベル多様体と代数曲線』）を読む。
一九七一年　秋〜翌年初め、広中平祐の代数幾何学講義を聴講。講義ノートをまとめ、出版される。数学講究に参加、代数幾何に腰を入れる。永田雅宜、丸山正樹に指導を受ける。（飯高茂、代数多様体の新しい不変量「小平次元」を導入、翌年、高次元代数多様体の分類プロジェクト＝飯高プログラム＝を提唱）
一九七二年　永田から問題を出される（アフィン平面の自己同型に関する問題や「面白い構造を持つ三次元有理多様体を作れ」という問題）。前者は一九七三年講究録一八三号に掲載される。

後者はファノ多様体につながる。隅広秀康の数学講究に参加、ヴェイユの『ケーラー多様体論入門』を読む。
一九七五年　修士取得後、京都大学助手になる。
一九七六年　大阪大の満渕俊樹の論文でハーツホーン予想に興味を抱き、隅広と共同研究。三次元のハーツホーン予想を解決。
一九七七年　ハーバード大助教授（〜八〇年六月）。
一九七九年　ハーツホーン予想解決（有理曲線存在定理）。
一九八一年　前半、ハーバード大客員研究員。向井茂と三次元ファノ多様体の分類を研究。後半〜八二年、米プリンストン高等研究所研究員。
一九八二年　名古屋大学助教授。端射線理論を作る。森理論の誕生。
一九八四年　川又雄二郎、小平消滅定理の一般化。固定点自由化定理（八七年）につながる。
一九八八年　名古屋大教授。三次元フリップ予想の解決、三次元極小モデル問題を解決。
一九九〇年　京都大学数理解析研究所教授。京都の国際数学者会議でフィールズ賞受賞。日本学士院賞受賞（飯高茂、川又雄二郎と共同受賞）、文化功労者。
一九九二年　三次元フリップ収縮射を分類。
二〇〇四年　藤原賞受賞。
二〇一〇年　名古屋大学特別教授。
二〇一一年　京都大数理解析研究所所長。

◉参考文献と読書案内……………………

・代数幾何は日本のお家芸だけあって、文献は多い。
・歴史については数学セミナー・リーディングス『現代数学のあゆみ3』(日本評論社、一九九五年)に掲載されている浪川幸彦の「現代代数幾何学の成立　上中下」がまとまっている。その他、名著のほまれ高い飯高茂、上野健爾、浪川幸彦『デカルトの精神と代数幾何　増補版』(日本評論社、一九九三年)でも歴史的挿話が読める。
・代数幾何の雰囲気を味わう入門書としてはマイルス・リード『初等代数幾何学講義』(岩波書店、一九九一年)がある。専門の参考文献はこの本にある。
・アレクサンドル・グロタンディークについては山下純一『グロタンディーク――数学を超えて』(日本評論社、二〇〇三年)が興味深い。
・広中平祐については、『生きること学ぶこと』(集英社文庫、二〇一一年。『学問の発見』改題)が研究についても詳しい。
・森重文については『数学セミナー』の記事などを参照。
・その他、日本数学会の『数学』に掲載された論説は素人に読みやすいとはなかなか言い難いがビビッドである。とくに飯高プログラムについての飯高茂の解説、森の仕事についての飯高の解説、森のフィールズ賞受賞時の向井茂の解説、川又雄二郎の解説などを参考にした。

第三章

1、2、3……数論の世界

1、2、3……と数を数えることから、ヒトが数学を始めたとしたら、数についての「数論」は人類が最初に取り組んだ数学だといえるだろう。十九世紀最初の年＝一八〇一年に、現代的な数論の最初の本『数論研究』を出版したガウスは、「数論は数学の女王である」と述べたと伝えられる。その心は、数というものについて知ろうと思えば、代数、解析、幾何という数学のあらゆる分野の方法をあたかも下僕のように使って研究しなければならないからだという。確かに、今、数論の研究をしようと思えば、代数から解析にいたるまであらゆる数学の最新の成果で武装しないと太刀打ちができないといわれている。誰でもわかる数の問題は、誰にもわからない深遠な数学なのである。

数論の研究者は、京都大学数理解析研究所の創立時にはいなかった。数論はほとんど応用を直接の目的としない「純粋な数学」であり、研究所のもともとの設立目的はどちらかといえば応用志向であったからだろう。しかし、やはり数論は数学の研究所にはなくてはならないものであった。研究所設立から二十六年を経た一九八九年、東大数学教室で数論の研究と教育に実績のあった伊原康隆が、数理解析研で初めての数論担当者として着任した。当時の所長は、代数解析を創始したが、数論にも造詣の深い佐藤幹夫であった。当時、伊原は五十一歳。研究者として脂の乗り切った時期であった。それまでに一貫して取り組んでいたのは、数論のうちでも高木貞治の類体論のずっと先にある数学「非アーベル類体論」と「ガロア群と基本群」にかかわる研究だった。

第一景──ニッポン数論の誕生

高木貞治と類体論

日本での数論研究のルーツを振り返ってみよう。祖は、偉大な高木貞治である。彼はドイツ・ゲッチンゲン大学留学を経て、博士論文を皮切りに、次々と世界レベルの数学論文を生み出した。その代表は、いわゆる高木の「類体論」である。

類体論とはどういう数学なのだろうか。中学校で習う数学の内容に、整数の「素因数分解」というものがある。たとえば60＝2×2×3×5というように、任意の整数は、自分とそれ以外に約数を持たない「素数」いくつかを掛けた積の形でただひと通りにあらわすことができるという定理である。

ところが数の世界は不思議である。整数という世界をちょっと拡げただけで、他の数では割れないと思っていた素数も、二つの数を掛けた形に「分裂」してしまうという現象がある。たとえば、整数だけからなる世界に$\sqrt{2}$という「無理数」を一個だけ付け加えてみよう。整数だけの世界で素数である7は$7=9-2=(3+\sqrt{2})\times(3-\sqrt{2})$と分裂させることができる（ここで、$(a-b)(a+b)=a^2-b^2$という公式を使った）。もう一つ例を挙げる。整数の世界に、虚数i（2回かけると-1になる、つまり$i^2=-1$）を導入すれば、素数5は$5=2^2-(-1)=2^2-i^2=(2+i)(2-i)$と分裂させることができる。

数の世界の拡げ方はいろいろある。たとえば、整数係数の方程式$X^2=2$の解は$\pm\sqrt{2}$で、整数ではない数（無理数）が登場するが、整数全体にその一つの$\sqrt{2}$も加えた数全体の性質を考える、というのが拡げ方の一つである。つまり、整数に「整数係数の方程式の根を付け加える」世界の話である。こういう数を「代数的整数」といい、代数的整数論という分野をなしている。その数の世界の拡がりの程度については、天才エヴァリスト・ガロアが死ぬ直前に考えついたガロア理論が方向を示していた。

ガロア理論の主人公は方程式の根の対称性の様子を表現するガロア群という群だが、その群の特徴の一つとして、群に属する二つの操作（A、B）の積の結果が順番に関係しないか（つまり$A\cdot B=B\cdot A$、このとき、その群を可換群またはアーベル群という）、あるいは順番に関係するか（$A\cdot B\neq B\cdot A$、非可換群または非アーベル群）という違いが大事だ。前者を使ったのが高木らの展開したアーベル拡大の理論であった。残った非可換群の場合に類体論を拡張する「非アーベル類体論」こそ、戦後の数論研究の中心の一つとなった。

類体論とは、数の世界をいろいろ拡げた場合に数の分裂現象がどのように起こるか、というのをごく一般的な「数の世界」で考える数学だといった。もう少し、その歴史を見てみよう。

もともと、類体論のルーツは、一八二三年生まれのドイツの数学者レオポルト・クロネッカーが考え始めた代数的整数論の問題（若いときに端緒があったので「クロネッカーの青春の夢」とニックネームがついた問題）であった。その後、この問題についてダフィット・ヒルベルトなどが手をつけたが、最終的結論は出ず、有名な「ヒルベルトの二十三の問題」の九番目と十二番目に、関連した問題が収載された。それは、

第九問題「任意の数体における一般相互法則の証明」
第十二問題「アーベル体に関するクロネッカーの定理の任意の代数体への拡張」

という、二つの問題である。

高木貞治は、一九〇〇年からのドイツ・ゲッチンゲン留学で、師ヒルベルトに向かって「私は代数的整数論をやる」と宣言していたという。そこで、第十二問題に関して、任意の拡張ではなくもっとも簡単な「ガウス数体」への拡張を試みることにした。翌年に東京帝国大学数学科に増設された代数学講座の助教授になることが決まった高木は、まもなく帰国せざるを得なくなり、博士論文

として用意した研究を日本でまとめなければならなかった。苦労して書き、〇三年に出版した学位論文はまさに類体論の幕を開ける論文となった。しかしその後、高木は教育などに明け暮れて、その続きについては十年以上ご無沙汰であったのである。

「ところが、一九一四年に世界戦争が始まった。それが私にはよい刺激であった。……つまり、ヨーロッパから本が来なくなった……学問をしようというなら、自分で何かやるより仕方がないのだ」（高木「回顧と展望」、『近世数学史談』より）。

欧州に第一次世界大戦（一九一四〜一八年）の嵐が吹き荒れる中、高木は戦争の現場から遠く離れた日本で、こつこつと一九一四年〜二〇年の間に六編の論文を書いた。それをまとめたのが、一九二〇年の一三三ページにもなる「相対アーベル体の理論について」という論文であった。論文は「定理　代数的数体kのすべてのアーベル拡大Kは、kのあるイデアル類群に対する類体である」という基本定理に達し、これは先のヒルベルト第十二問題解決の見通しをつけたのである。この問題についてわかる相談相手は日本には存在せず、孤独な、しかし崇高な六年であった。研究が一段落したとき、第一次世界大戦はもう終わっていた。その年、ストラスブールで開かれた第六回国際数学者会議に参加した高木は、自信を持って自らの仕事を紹介したが、反応は少なかった（この問題に詳しいドイツの数学者があまり参加していなかったという事情もあったようだ）。高木は二年後、さらに五十ページの論文で第九問題にもかかわる論文をまとめた。これらをもとにして二七年、ハンブルク大学にいたエミール・アルティンは第九問題に完全に応える一般相互法則についての論文を発表した。ここで「高木‐アルティンの類体論」が完成した。これらの論文について、ハッセは三〇年にレビューを発表、これでやっと類体論の存在と高木の名前が世界に知られた。

ヴェイユの刺激を受けて

類体論はその後も、日本の数論の屋台骨となる。特に東大数学教室は数論の牙城として戦前戦後と存在し続け、菅原正夫、彌永《いやなが》昌吉、河田敬義《ゆきよし》らが研究を受け継いだ。しかし、それも岩澤健吉、志村五郎、谷山豊らによって変貌を遂げる時代が来た。志村、谷山のデビューは鮮烈であった。

一九五五年、日本にとって数学の戦後初めての大イベントともいうべき行事が開催された。九月に東京と日光で開催された「代数的整数論国際シンポジウム」である。名誉議長は高木が務め、国外からは高木とともに類体論を創ったエミール・アルティンも出席した。このころ、日本の数論（だけでなく世界の数論がそうだったのだろうが）は脱皮をしようとしていた。来日したフランス生まれの数学者アンドレ・ヴェイユは数論改革の旗手であった。高木の前にクロネッカーとヒルベルトがいたように、このころの日本の数論学者の前にはアンドレ・ヴェイユがいたのである。

ヴェイユは一九二八年、自らの学位論文で、数論の新しい方向として「代数幾何学の応用を通しての数論」を打ち出していた。1、2、3……という整数やそれを拡張した代数的整数（有理数係数の代数方程式の根からなる）のあり方は、代数関数 $f(x,y)=0$（fは、x、yの四則演算からできた式）のあり方ととても似ていたからである。これはそれまでにドイツのデデキントやウェーバーが追い求めた方向でもあった。米国に亡命したヴェイユは、第二次世界大戦の最中も「代数曲線の合同ゼータ関数に対するリーマン予想」の証明に全力を傾けた。これはまさに整数論における難問中の難問とされるリーマン予想の代数関数版だといえる。本来のリーマン予想で登場するゼータ（ζ）関数は、いわば素数の情報が無限に詰まった関数である。合同ゼータ関数はそれに似せて作った関数で、本来のものより扱いやすいのだが、それでも相当難しい問題である。ヴェイユは、狙った問題の解決に必要な代数幾何学の構成とテクニックを驚くような精力で建設していった。

この頃の活動をまとめた一九四六年の教科書『代数幾何学の基礎』とそれに続く代数曲線、アーベル多様体についての著作を含めた三部作は、日本にも導入され、多くの数学者に影響を与えた（これについては第二章で触れた）。シカゴ大学教授になったヴェイユは、代数多様体に対するゼータ関数についての「ヴェイユ予想」を発表した。これは多くの数学者の関心を引いて、解くための研究が活発におこなわれたが、一九七三年になってやっとフランスのピエール・ドリーニュによって証明された。その間、ヴェイユ予想の五十年前にインドの天才数学者シュリニヴァーサ・ラマヌジャンが提出した「ラマヌジャン予想」との関係も注目されていた。

一九五五年九月の代数的整数論国際シンポジウムという大舞台で、日本の数学者のレベルは、これほどの業績を挙げた数学者ヴェイユを心底感心させた。

八月初め、シアトルから横浜へ向けて氷川丸に乗ったヴェイユは、航海の間、虚数乗法の理論をアーベル多様体へ拡張するアイデアを練っていた。これは、ヒルベルトの第十二問題「虚数乗法論の拡張」にあたり、ヘッケが早すぎた結果を出すにとどまっていた。ヴェイユにとって「代数幾何による進歩のおかげでいまやこの問題に取り組むべき時」であった。しかし、東京に着いてすぐに彌永昌吉に会い、夕食の場で会議での講演予定者と講演の概要を聞くうちに驚くべきことがわかった。志村五郎と谷山豊というまだ三十歳にも満たない若い二人の「虚数乗法論の代数幾何学的な扱い」を彌永の理解の範囲で聞いたヴェイユは「すぐ二人に会いたい」と彌永を急かした。彌永はすぐに二人に電話し、東大での面会を約した。翌日、ヴェイユは二人と東大の彌永の部屋で会い、二時間ほど話し合った。ヴェイユとほぼ同じテーマについて二人はそれぞれ独立に研究し、成果を得ていたのである。詳しく議論してみると、三人の仕事は大きな共通部分もあったが、異なる成果もあり、お互いに補い合うものといってよかった、とヴェイユは書いている。「これは、私がそれまでに出席できた数学の会議のどれよりも見事で楽しくまた実り多い会議であった」（ヴェイユ著『数学の創造　著作集自註』一三八ページ）。「アーベル多様体の虚数乗法論」は東京と日光で開かれた会議の大きな目玉となり、歴史的ともいえるものであった。

志村、谷山に数論の手ほどきをしたのは、高木の直弟子である菅原正夫であった。彼は、ヘッケの仕事以来、遅々として進まないヒルベルト第十二問題に興味を持ち、取り組んでいたのだ。志村、谷山の二人は、その影響を受け、独自の思考をそれぞれで重ねていたのであった。

谷山豊はヴェイユの印象をこう語る。「滞日中彼は常に、若い人々を励まし、指導し、引き立てようと心を配っていたように思われる。〝今度は君たちが予言する番だ〟、討論の際、彼はよくそういった。アイデアを明確に提出し（正確に定式化することではない）それを具体的に根拠づけるという討論形式を僕は彼から初めて学んだ」（「A. Weil の印象」＝『谷山豊全集』所収＝から）。まさに、それは会議中、後にフェルマー予想解決の鍵となる問題（後の「谷山－志村予想」）を提出した状況であった。

第二景――非アーベル類体論への道

伊原の出発とラマヌジャン予想

「代数的整数論国際シンポジウム」は、日本の数学に大きく多様な影響を残したものと思われる。数論としてみれば、高木の偉大な業績を背景にして発展した類体論から、もうひとつ進んだステージに入ったといえるだろう。そこに、類体論より広い世界を自らの力で見つけようという日本の数学者たちの野心が奮い起こされた。

ガロア群について説明する伊原康隆（2013年、筆者撮影）

一九五七年に東京大学に入学した伊原に、一九六〇年前後の東大での数論研究の雰囲気をじっくりと、聞いてみよう。

「専門に進もうとする学部一、二年生がいる東大駒場キャンパスには、世界的にも傑出した志村五郎、谷山豊、久賀道郎《みちお》、岩堀長慶《ながよし》……という数学の若い先生方がおられました。大変恵まれていたのです。第一高等学校以来の古い第一研究室棟の先生の部屋へ、おずおず持参したレポートを、激しくほめていただいたときのうれしさは格別でした。

「特に久賀先生は母親のように、志村先生は父親のように私に接してくださいました。本郷の数学科に進んで四年生のセミナーも志村、久賀両先生に見ていただきました。初めのテキストは、ヴェイユの『アーベル積分の一般化』でした。志村『実は、これを代数化してみようという野心と力が君にあるか、見たかった』。久賀『われわれでもできないことを、アハハ』。それが代数化できれば『非アーベル数論』につながるので、志村先生ご自身の野心と、若者の挑戦への期待感を肌で感じ、私はワクワクしました。

「好きなことばかりやっていてはダメと、次いで取り組んだド・ラームの微分幾何の教科書には悪戦苦闘しました。志村先生は『ヴェイユのケーラー多様体の本に進む準備のつもりだった』とのこと。その先生は阪大に移られることになり（その後、プリンストン大に行かれました）、セミナーは終わりました」

自らの能力をギリギリまで使う数論研究は厳しい世界である。ヴェイユも期待した谷山豊は一九五八年十一月、「将来に対する自信を失った」という遺書を残して自殺した。しかし、なお、日本の数論研究者の果敢な挑戦は続いた。可換なアーベルの世界から、非可換な非アーベルの世界へ。それは、数論研究者の夢であった。

修士課程で、佐武《さたけ》一郎の指導を受けた伊原は、佐武の米シカゴ大への赴任後、「代数群とラマヌジャン予想」というテーマで修士論文を書き、東大数学教室の助手になった。「佐藤幹夫がラマヌジャン予想をヴェイユ予想に帰着させた」とのニュースを聞き、さらにセミナーで講演を聴いたのもこのころであった。伊原はこのころをこう語る。

「佐藤先生の話は、深く長い序奏だけで時間いっぱいになり、証明の肝心なところまでいかないで終わる。お話を聴こうと、東村山のご自宅まで土方《ひじかた》弘明さん（後に京都大学教授）と押しかけましたがお留守だったこともありました。ラマヌジャン予想の話は、もとのアイデアが久賀先生、その背後には志村先生がおられるし、微妙でどうすればよいのか、土方さんと困っていました。

でも、この出会いは私にとってすごく新鮮味があり、後には佐藤先生にとってもそうだったようです。佐藤先生の還暦記念パーティで河合隆裕《たかひろ》さんが『若き日の佐藤先生に、八歳年下の若さでショックを与えたワルイやつ、イハラさん！』と紹介されたのです」

伊原は米国に留学した間、ちょうどコロンビア大学に滞在していた佐藤のところも訪れたという。

「電話して『ちょっとお会いしたい』と連絡したあと、ぼくは飛行機が嫌いなので、ごっとんごっとん、と汽車で丸一日かけてシカゴからニューヨークへ行ったんです」。数学の話だけではなくいろいろな話もしたという。佐藤はコロンビア大のサージ・ラングと数論研究にふけっていたところだった（佐藤幹夫の数論における研究業績についてはコラムを参照）。

佐藤はその後帰国、数論は一休みして本来の超函数・代数解析に大活躍となる。いつものように、ある程度の結果を出しても、正式の論文をなかなか書こうとしなかったのである。ラマヌジャン予想についても、一九六三年に同人誌的なガリ版刷り雑誌『数学の歩み』に発表された講義の記録しかなかった。

非アーベル類体論建設へ

代数的整数論はさらに発展する。その中には大きなテーマがいくつも含まれていた。その研究の変遷と発展について、伊原の目から見えたことにじっくり耳を傾けたい。

「日本で当時、注目されていた数論のテーマは四つありました。

A　類体論（彌永昌吉、河田敬義《ゆきよし》ら）

B　代数群とその表現論・セルバーグ理論（佐武一郎、玉河恒夫《つねお》、岩堀長慶）

C　志村・谷山理論（Bの方向に拡張しつつあった）

D　岩澤理論（岩澤健吉）

ラマヌジャン予想は、BとCのテーマにかかわります。当時は四つあったテーマが、その後五十年近くを経て、一つに融合されつつあるのが、今の代数的整数論です。この大事な過程をおおまかにでも把握できるように、お話ししましょう。

「七〇年代、類体論と代数群とその表現論・セルバーグ理論の二つの流れが融合し、類体論の『非アーベル版』に関する大きな予想『ラングランズ・プログラム』（カナダ生まれのロバート・ラングランズが一九七〇年に提唱した）が編み出されました。

「志村‐谷山理論は、志村によってBの方向へ大きく進展しました。一方、それに使われたヴェイユの代数幾何の基礎は、アレクサンドル・グロタンディークのスキーム理論に取って代わられ、ベルギーで生まれフランスで活躍したピエール・ドリーニュ、旧ソ連のウラジーミル・ドリンフェルトもそこに〝参戦〟したのです。

「進んで八〇年代には、肥田晴三《ひだはるぞう》によって、志村‐谷山理論と岩澤理論が組み合わされた理論が作られました。そして九〇年代、われわれは〝極楽の地〟に達しました。AからDまでのすべてが使われて、『谷山‐志村予想』、その系としての『フェルマー予想』が解決され（一九九五年、アンドリュー・ワイルズら）、さらに最近『佐藤‐テイト予想』が解決されました（二〇一〇年、リチャード・テイラーら）」

まさに数論研究の大きな流れである。伊原はこの時期、どのように数論と格闘したのだろうか。一九六四年から六七年にかけて、伊原は米国のマサチューセッツ工科大学、シカゴ大学、プリンストン大学と同高等研究所を訪れた。この間、ラマヌジャン予想、リーマン予想とセルバーグ理論という数論の基本問題、それらの間の夢の架け橋としての「数論的基本群」について、思考をめぐらしていたのである。数論研究者の思考はどのように進むのか。伊原の話をさらに聴く。

「まず、ラマヌジャン予想に関する佐藤先生の証明の不明箇所を考えました。それはハッセとドイリンクの古典的ですが深い結果が使われていなかったためと気づき、それを補ってみたのです。背後にある志村理論の〝横糸〟に隠れて見えにくかったところに気づいた〝縦糸〟を通してみると視界が開けました。

「感激的なほど簡単で美しい構造を持つ『非アーベルな数論』が見えてきたのです」

伊原は、プリンストンにいた志村にこの考察を説明した。ラマヌジャン予想について、佐藤の証明のあらすじには数か所の難点があることを志村は見ていた。伊原の結果でそれがクリアされているかどうか、何度も議論した。最後には、志村によって「認めてもらえました」と伊原はほっとする。

「『非アーベル類体論』については、志村、ヴェイユの両先生とも大変励ましてくださいました。私自身はそう呼んではいなかったのですが、ヴェイユ先生があるとき『Non-abelian classfield theory!』と叫ばれたことがあって、それをきっかけにその言葉を使うようになったのです」。

この伊原による「非アーベル類体論」は、八〇年代に一応の決着がつくまで、伊原は森田康夫（東北大学）らと多角的に研究を進めた。

『ラングランズ・プログラム』が普及してから、私たちの理論が顧みられることが少なくなったのは事実ですが、決して〝失敗作〟であったわけではありません。それは、ラングランズにもドリーニュにも影響を与え、流行りのラングランズ・プログラムの中にもいわば〝DNA〟として残っているのです。

「たしかに伊原理論は特殊な対象を扱っていますが、問題を直截《ちょくせつ》に記述する『非アーベル類体』の理論としては、群表現に移行して考えるという構成を持つ『ラングランズ・プログラム』とは全く異なる価値を持つと考えています。その後、『フェルマー予想』の証明で使われた『イハラのレンマ（補助定理）』は七〇年代初期の一連の論文で生まれていますし、私の理論はリーマン型ゼータ関数とセルバーグ型ゼータ関数を結ぶ、今知られている唯一の『夢の架け橋』なのです」。

数論といってもその流れは、先ほどの伊原のまとめのように、一筋ではない。それぞれに個性を持って展開していく流れがあり、その間に思わぬ架け橋がかかると、さらに全体像がはっきり見えてくる……学問の発展のよい例である。

「ちょっと先走りますが、初期の私の研究は、『数論が役に立つ』ということを二十年後に示したものでもありました。実際の通信技術で誤り訂正や暗号に使われるゴッパ符号理論について、ロシアのユーリ・マニンが『整数論の出番』と気づいたのは、『有理点をたくさん持つ有限体上の代数曲線』という〝鉱脈〟を探していて、私の六〇年代に遡《さかのぼ》る仕事を再発見したのがきっかけとなりました。それ以来、数論の符号理論、暗号理論への応用が注目されています。着目された〝有理点〟は志村理論の〝縦糸〟にある重要な〝結び目〟から生まれるもので、私の『非アーベル類体論』の要ともいうものなのです」。

伊原は研究と同時に、数論の後継者の育成にも熱心に取り組んだ。異能を持った人たちがそこには集まってきた。厳しくも優しい指導の伊原だったが、その実力と教育力は誰しも認めるところだった。その研究グループは、伊原スクールと呼ばれるようになっていた。

ガロア群と基本群

一九八〇年代になり、伊原は図形の不変量の一つである「基本群」と代数的な対称性をあらわす「ガロア群」との関係を考えれば、非アーベル拡大＝非可換の場合も含む「不分岐類体論」ができる可能性があることに気が付き、「ガロア群の基本群への作用」というテーマに取り組むようになった。実は、伊原スクールとは、全く独立なのだが、グロタンディークも「遠アーベル幾何」として、ドリーニュも「基本群のモティーフ理論」として、同様のテーマの研究に取り組むようになっていた。自然科学の世界では、ときに同じテーマの研究が世界のあちこちで同時多発的に起こることがある。この方向の研究は、そんなふうに世界で機が熟していたのである。

その後、ドリーニュの影響、東大の若手や米国のコールマン（カリフォルニア大学バークレー校）、アンダーソン（ミネソタ大）との共同研究もあり、伊原の仕事は進んだ。東京大学から京都大学数理解析研究所に移った翌年の一九九〇年、京都で国際数学者会議が開かれた。伊原は、それまでの仕事をまとめ、「組み紐、ガロア群と数論的関数」と題してガロア群に起因する深い数論的現象についての全体講演をした。これはグロタンディークやドリーニュとは異質な伊原やアンダーソンの数学をありのままに見せ、その独創性が注目された。

数理解析研には、伊原に続いて、織田孝幸、情報科学科出身の松本眞《まこと》というメンバーが次々と着任、長期目標を数論的基本群とガロア群というテーマに置いて、研究が始まった。各自それぞれのテーマを持ってはいたが、共通に研究するテーマはこれが唯一であった。

さらに玉川安騎男《あきお》、望月新一、辻雄《たけし》の三人が数論研究グループに加わり、この方面の研究が大いに進展し、海外の注目も集めた。次に述べる「グロタンディーク予想」もその一つだが、その他、ドリーニュ、伊原、織田の名を冠する基本予想の解決への貢献や松本による数論の情報科学（松本発もあった。

の古巣であった）への応用「メルセンヌ・ツイスター」と名付けられた新しい擬似乱数発生法の開

「グロタンディーク予想」解決への道

一九八四年、隠遁生活中であったグロタンディークはフランス・高等科学研究所（IHES）を退職し一九七〇年からの数学的活動をまとめ、さらなる目的について記した『プログラムの概要(Esquisse d'un Programme)』を作った。これはCNRS（フランス国立科学研究センター）の研究員になるために提出する研究計画書であるのだが、その後の九〇年代になってから世界の数学者が注目する内容が多く含まれていた。その後、グロタンディークはほとんど数学活動をしていないため、彼の「数学的遺書」という人もいる文書であった。

その中に「遠アーベル幾何」というテーマがあった。幾何学で扱う図形では、変形しても変わらない「不変量」というものが大切である。位相幾何学で扱う不変量のひとつとして「基本群」というものがある。代数曲線など図形的存在があれば、その構造のエッセンスともいえる基本群を求めることができ、その特徴が端的にわかり、分類などに役に立つわけだ。代数曲線を決める方程式の係数が、たとえば有理数というようにあるグループ（数体）に入っているとき、数論研究者は「図形の基本群─ガロア群」というペアを考える。ここに「数論的基本群」が発生する。「基本群の性質がわかれば図形がすべてわかるか」という問題がここで注目される。これが数論と代数幾何の絡んだ問題にも関わっているというのがグロタンディークの主張であった。**「数論的基本群が決まれば、それに対応する代数多様体（＝図形）が完全に決まる」**という主張がグロタンディーク予想といわれるものだった。通常、基本群は「アーベル群」から遥かに離れて遠いので、「遠アーベル幾何」と呼ばれるようになったのである。この予想が正しいかどうかを決めることは、数論研究者の一つの大きなターゲットとなった。

グロタンディーク予想は、基本群とガロア群という問題に取り組んでいた伊原スクールの視界に入ってくるのは必然であった。まず、東京大学にいた中村博昭が八〇年代末に端緒を開いた。

ガロア群からもとの図形の情報を構成できるという「アンダーソン－伊原の定理」をヒントに、グロタンディーク予想へのアプローチができるかもしれないと考えた中村は、ガロア群と基本群を合わせて考えた「数論的基本群」という存在では、数論的な面と幾何的な面が非常に強く融合していることを発見、ガロア剛性と名付けて、これが図形情報の「タネ」ではないかと追求を始めた。

そして、ある限られた場合に数論的基本群から代数曲線が復元できることを示したのである。グロタンディーク予想の一部の解決である。数理解析研で伊原と研究活動を共にしている玉川安騎男も有限体上の曲線の類体論を用いて九七年により広い場合の証明に成功した。さらにもう少し残るが、そこからの「坂」もとてつもなく急である。生半可なことでは登れるわけもない。

九九年、望月新一は以前から温めてきたホッジ理論（代数多様体の強力・精密な不変量（ホッジ構造）に関した理論）の拡張「p進ホッジ理論」を縦横に駆使し、中村や玉川の成果も踏まえて、ごく一般の場合にグロタンディーク予想を証明することに成功した。遠アーベル幾何の中心問題の一つを解決したことになり、世界から注目される結果であった。三人の仕事は、九七年の日本数学会秋季賞を受けた。

この仕事を見ていた伊原はこう書いている。「三人は相異なる手法でこの問題解決に向け独自の貢献をされました。しかし、共通な点は、グロタンディークが『遠アーベル』と呼んで超困難視したこの問題が、『アーベル的な数学』を組織的に適用することによって解けてしまうことを実証した点にあると思います」。そしてこう付け加えている。「従来の私の好みとは少し違うが、すごいじゃないか！」。音楽好きの伊原らしく、イタリアのオペラ作曲家ヴェルディのことばのもじりだそうだ。繊細なモーツァルト好きの伊原にしてみれば、「その証明の枠組みの雄大さと『遠アーベル』という用語がやや空疎に響く」ところがワグナー的であったのだ。

伊原は、二〇〇二年三月、数理解析研究所を定年で退いた。今は、少し方向を変えた数論に取り組んでいるという。独自のテーマを追求し、多くの後進を育てた伊原のことばをもうひとつ。

「若い人が知らないことを自分が知っている、これは二重のショックです」

なかなか、難解なことばかもしれない。

第三景―新しい挑戦

そしてABC予想へ

二〇一二年、「『ABC予想』解決か?」のニュースが流れた。『ネイチャー』誌での論評が「震源」であったが、一般の人にとっては、ABC予想も初耳なら、解いたといわれる京大数理解析研の望月新一の名前にも馴染みがなかった。不思議な盛り上がりであった。

その年の一二月五日、望月は京大数理解析研の研究集会で自らの成果を一時間にわたって話した。同研究所四階の大講演室は満員だった。

異才の大論文

望月は一九歳でプリンストン大数学科を卒業、モーデル予想という難問を解決してフィールズ賞を受賞したゲルト・ファルティングスの指導のもと二十三歳で博士号を取ったという早熟の秀才であった。数理解析研究に手紙を書き「日本で就職したい」といってきたという。数理研のだれもまだ、その存在を知らなかったが、「これは逸材」と採用されたことになる。当初は、代数幾何学を研究していたが、次第

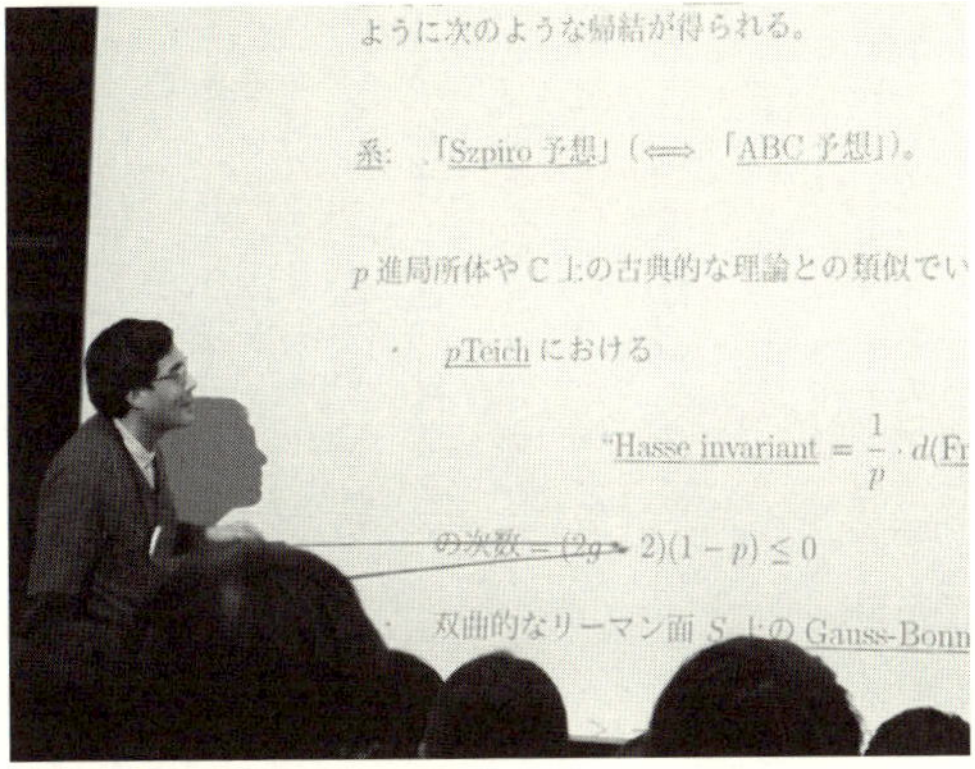

数理解析研の研究集会で講演する望月新一
(2012年12月、筆者撮影)

に数論中心に傾いていったのである。

ＡＢＣ予想以前にも、望月の異才ぶりは聞こえていた。中村、玉川とともに解決した「代数曲線の基本群に関するグロタンディーク予想」については、九八年にベルリンで開かれた国際数学者会議（ＩＣＭ）で講演していた。

二〇一二年八月三十日、四編総計五百ページほどの論文「宇宙際タイヒミューラー理論（Inter-universal Teichmüller Theory）」を望月は自分のホームページ上に発表した。九月十日、科学ライターのフィリップ・ボールが『ネイチャー』誌で「素数どうしの深い関連を証明　数全体についてのＡＢＣ予想の解決は、本当なら、『驚くべき』業績」というニュース記事を公表した。それを追いかけ、『ニューヨーク・タイムズ』紙も日本の主要紙も望月の仕事を報道したのである。

ＡＢＣ予想とはなにか

「ＡＢＣ予想」という数学の問題は新しい。一九八五年にフランスのオステルレとスイスのマッサーが独立に提唱した。英国のストーサーズとメーソンが多項式で証明していた定理（メーソンの定理、あるいはメーソン－ストーサーズの定理、あるいはＡＢＣ定理）を、整数の世界に置き換えた場合は正しいのかどうかが問われたのである。問題自体の上っ面をなでることは難しくない。

ＡＢＣ予想「a、b、cを$a+b=c$, $a<b<c$である自然数とする。積abcの互いに異な

る素因数すべての積を rad(abc) と書くことにする。そうすると、任意の正数 ε に対して、

$$c > [\mathrm{rad}(abc)]^{1+\varepsilon}$$

となる a、b、c の組は有限個しか存在しない」

というものだ（ただし、これは弱い意味のABC予想なので、ε をたとえば1/2というように決めても a、b、c の範囲を具体的には制限できない）。問題の意味自体は、高校生でもわかるだろう。しかし、この証明は全く簡単ではなかった。フェルマー予想と同様に、問題が素朴だから簡単というわけではない。素朴に見える問題の難しさは、手がかりが見えないところにあるという。

実は、この不等式は不定方程式論で絶大な威力を持っている。ワイルズとテイラーが百数十ページを費やしたフェルマー予想「$n \geqq 3$ のとき、$X^n + Y^n = Z^n$ を満たす自然数（X, Y, Z）はない」の証明が、この不等式を前提にすれば、n が十分大きいとして（「十分」とは具体的にどこまでか？　はわからないが）一ページ程度で証明できてしまうのだ。その他、スピロ予想、ヴォイタ予想という難問もこの不等式で解けてしまうという。

「数学の基本からの変革」

望月のこれまでの仕事は、彼のホームページに見事に述べられている。プリンストン大学で博士号を取得した一九九二年から研究の主要テーマは「p進タイヒミュラー理論」「p進遠アーベル幾

何」「楕円曲線のホッジ－アラケロフ理論」の三つであった。望月はホッジ－アラケロフ理論にABC予想との関連性を感じた。しかし「ABC予想の証明に応用するには（この理論は）根本的な障害があり不十分である」と自ら判断した。そのため「通常の数論幾何のスキーム論的な枠組を超越した枠組が必要であろうとの直感」で、二〇〇〇年夏にその枠組の土台となる「数学的インフラの整備に着手した」というのである。そして、「インフラ」となる論文をいくつも発表した後、二〇〇六年後半からいよいよ最終目標に取り掛かった。

数学者は、めったにその「作業場」を公開することはない。直感で得た目標を目指し、数式をいじり、具体的な計算をし、論文を読み……と、いろいろな作業に没頭する。間違った証明を思いつき、間違いを見つけてはがっくりすることもあるし、自分の結果を他の数学者と議論し、さらなる進歩を得ることもある。しかし、通常はそういう過程はすべて消し去られ、矛盾なく続く壮大な建築物としての「完成論文」が残るのみなのである。ところが、望月は自分のホームページの「望月新一の感想・着想」というパートに、仕事の進捗状況を報告し続けている。

先ほどの「研究紹介」は二〇〇八年三月版である。その後半では、目指すのはそれまでの数学理論をさらに外側に広げる「宇宙際タイヒミューラー理論」であると宣言、研究の進め方を詳述している。同僚の玉川安騎男や松本眞らと不定期の勉強会も続けたそうだ。ある研究会で望月の話を聞いた桂利行は「数学の大元から変革している感じだった」という。

「三編の予定が四篇に増えた……理論を詳しく説明しながら論文を百頁余りに抑えようとするとさ

らなる分割が必要になることが判明しただけ」（二〇〇九年十月）「二年弱で『半分強』書き終わったことになる……終了時期の予測はこれまでと変わらず二〇一二年夏頃」（二〇一〇年四月）「執筆および最終点検は順調に進んでおり、四編でちょうど五百頁位になる見込み」（二〇一二年一月）と報告は続いた。普通なら「アイデアを取られて先に問題を解かれてしまうのでは」と考える人が多そうなものだが、望月は全くそんなことは考えてもいないようだ。

「宇宙際幾何学者」とは？

望月のホームページを見ると、いきなり「宇宙際幾何学者」と出てくる。「国際ならわかるけれど……」と私はちょっとびっくりしたものだ。この「宇宙」(universe) という言葉は、地球や太陽系や銀河が浮かぶ普通の意味の「宇宙」ではないらしい。数学で「宇宙」という言葉を使うとき、考えている性質を持つ対象のすべてをひっくるめて一つの「点」のように考えるらしい。十二月五日の講演で「一つ一つの宇宙とは？」と問われた望月は「……点ごとに宇宙があり、その前後の関係がどうなるのか、それを考えるのが宇宙際 (Inter-universal) だ」と答えていたのだ。

この日の講演は数学者にとっても難解であった。専攻分野の異なる数学者に「どのくらいわかりました？」と聞いたところ、「五パーセントくらいかなあ」と答えるほどなのだ。「新しい理論を応用すると、通常の世界が歪む。どのくらいの歪みが生じるのかと壮大に計算するのがＩＵタイヒの内容」という言葉でなんとなく想像できるくらいだ。今、四つの論文は専門家によって詳細に読まれているはずである。望月のホームページでは、専門家の指摘に答え、論文を修正するコメントがアップされている。ABC予想の解決の成否を越えて、望月はすでに「新しい数学」を作り上げているといっていいだろう。

遠アーベル幾何という分野は、天才グロタンディークが言い始めたものだが、彼はその内容を正確に定義することはしなかった。あやふやな「御託宣」のみだったのである。それがあまりに魅力的なので、惹かれた多くの数学者もいた。伊原とそのスクールの面々はむしろ批判的に捉え、望月は新しい数学世界を開いていっているようだ。

今、私の机の上に『岩波数学辞典』の第二版（一九六八年）、第三版（一九八五年）、第四版（二〇〇六年）が載っている。「数論幾何」という項目があるのは、最新の第四版だけである。数学の世界は、どんどん限りなく広がっている。それだけ数論の世界もどんどん広がっている。1、2、3……という数の秘密を解く道はさらに険しくなっているように思える。

むすび

今、伊原康隆の数論研究後継者たちが活躍しているのは京大数理解析研だけではない。日本だけでなく世界各地でも数の秘密を追求している。その方法も、いろいろである。非可換類体論といっても、伊原たちの取り組みだけが唯一の道ではない。数論の世界は広がり続けている。

数理解析研に赴任したすぐあと、一九九一年夏に、伊原は一般の人に向けての公開講座で「整数論・最近の話題」と題して話した。そのときのテキストに五枚の絵が掲載されている。

西の空には、代数的整数論の中腹の向こうに類体論の山頂が見える。隣は虚数乗法論、そのこちら側には円体論の峰が見える。下には「下からは難攻不落のフェルマー城」（講義の四年後、一九九五年に落ちたのである）が堅固な姿を見せている。

北の空を向くと、楕円曲線論の険しい山体の上にはバーチ－スウィンナートン・ダイヤー予想の山頂が雲に隠れている。その隣のモジュラー曲線論・保型形式論の山頂にあるはずのラングランズ予想も厚い雲に包まれているようだ。志村－谷山予想という（このときは雲の向こう）尾根はフライ－リベットの滑り台につながり、うまくいけばフェルマー城に一直線でつながるようだ（実際、そうであった）。

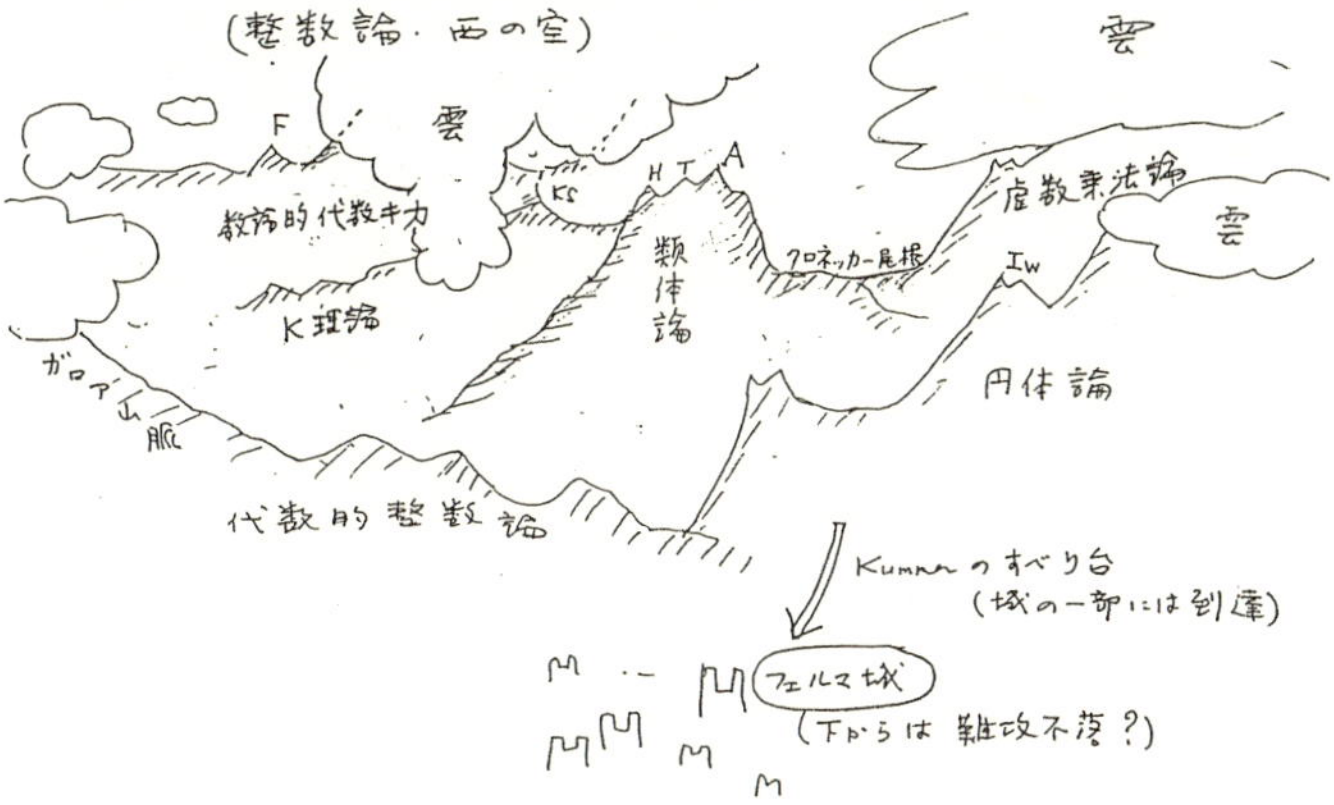

伊原康隆の考える「整数論の山々」。西には類体論を中心に山々が拡がる。非アーベル類体論はこの真反対の東にある。（1992 年 8 月、数理解析研究所数学入門公開講座テキストから）

東には、保型形式論の峰の隣にタイヒミュラー理論の峰があり、その向こうには伊原の挑んできた非アーベル類体論の山頂があるはずだが、やはり雲に隠れている。セルバーグ理論にもつながっているようだが……。

そして、北の空を見ると、ゼータ関数である。セルバーグ理論からつながる合同ゼータ関数の遥か上にはリーマン予想の山頂があるようだ。相当高そうで登頂するにはかなりの時間がかかりそうだ。その真下には、素数分布論の広大な高原が広がっている。

最後は、隣の国である。モーデル山系と名付けられ、空にはモーデルの雲がふわふわと浮かんでいる。ファルティングス山の隣にはアラケロフ理論の山があり、山頂は有効モーデル理論の山頂らしいがはっきり見えない。

伊原は今、いう。「望月理論はどんな地殻変動をもたらしているのだろうか。そのうち、知りたいものです」と。

九五年にフェルマー予想が解決され、そして二〇〇六年に佐藤－テイト予想の解決が発表された（正式な論文は二〇一〇年、一一年）。これらの発展の中で、日本の数論のかかわりも多かった。まず、予想そのものに谷山、志村、佐藤の名前がある。よい問題を提出するのもとても重要だ。フェルマー予想を解いたワイルズの論文（一九九五年）の中には、加藤和也、肥田晴三、伊原康隆、岩澤健吉、志村五郎の五人の成果が引用されている。テイラーらによる佐藤－テイト予想解決を含む論文のうち、二〇一一年の第二部はまさに佐藤幹夫に捧げられ、数理研紀要の『代数解析50年記念号』に掲載されている。ここで見られる日本人の名前は伊原のみというが、その証明の奥深くでは「志村理論が息づいている」と伊原はいう。

おそらく、これからも数論の山脈では、新しい山が見つかり、雲が晴れた山頂もあるだろう。まだまだ登り甲斐がありそうだ。日本人の登攀に期待しようではないか。

●コラム……………………

佐藤幹夫の数論

超函数と代数解析で知られる佐藤幹夫だが、数論という分野への入れ込み方は半端ではない。東京大学学部学生時代にセミナーの指導をしてもらった彌永昌吉の影響もあったのだろう。後にこんなことを言っている。「若い時から類体論のほうは興味を持っていたし、志村五郎くんとか谷山豊くんがソッチのほうではずいぶん熱心にやっておられたわけですが……」。志村と谷山の動向もちゃんと見ているのである。あいた時間に数論的なことを考え始めるのが佐藤の常であった。六〇年代の一時期は、佐藤にとって「数論の季節」であった。

佐藤 - テイト予想への道

佐藤が最初に取り組んだ数論の問題は、ラマヌジャン予想だった。英国の数学者ゴッドフリ・ハーディが見出したインドの天才数学者シュリニヴァーサ・ラマヌジャンは、多くの知られていない数学公式を発見したことで知られる（その中には自分では証明をつけていないものも少なくなかった）。その中でもっとも数学者に知られているものはタウ（τ）関数とそれに関連したラマヌジャン予想だろう。彼はそれをインドから英国に渡った後の一九一六年に見つけた。それがいかなるものか、世界に知られないうちに四年後、ラマヌジャンは異国の地で息を引き取った。

素数のすべての情報を含んでいると考えられているリーマンのゼータ（ζ）関数の零点について予想したいわゆるリーマン予想（いまだに解けていない難問中の難問である）と類似の現象が、保型形式というものについても存在していることをラマヌジャン予想は主張している。保型形式

$$\Delta = x\prod_{n=1}^{\infty}(1-x^n)^{24} = \sum_{n=1}^{\infty}\tau(n)x^n$$

タウ函数とラマヌジャン予想　いわゆる保型形式の一つである上記の関数の展開式を考える。x^n の係数がいわゆるタウ関数である。$\tau(n)$ が、m, n が互いに素なら $\tau(mn)=\tau(m)\tau(n)$ であることをラマヌジャンは見抜き、ゼータ関数の類似物 $\sum_{n=1}^{\infty}\tau(n)n^{-s}$ が $\prod_{p}\frac{1}{1-\tau(p)p^{-s}+p^{11-2s}}$ というわゆるオイラー積の形に書けることを予想した（この式は Δ の L 関数 $=L(s,\Delta)$ と呼ばれる）。さらにこの分母 $=0$ の 2 次方程式（p^{-s} を変数と見て）は虚根を持つ、つまり $|\tau(p)|<2p^{11/2}$ という式が成り立つことを予想した。これがラマヌジャン予想である。積に書けることはヘッケ理論で解決済みであった。

（あるいは保型関数）は、ある変数変換をしても関数の型が崩れることなく保たれるという強い性質を持つ一群の関数を指す。それは一七五〇年のオイラーの五角数定理に初登場したが、その後、リーマンらが数論に登場させていたこともあり、ラマヌジャン予想は、数論研究者に注目される内容を持っていた。

一九四九年にヴェイユが提出したいわゆるヴェイユ予想は、代数多様体をもとに作ったゼータ関数類似の関数（合同ゼータ関数）が代数と幾何の両方に絡む不思議な現象を取り持つことを予想したものだ。このヴェイユ予想とラマヌジャン予想は関係がありそうだ、と見る数学者は、雑誌記事で指摘した志村をはじめとして何人もいた。佐藤もその一人だった。

一回目の米国滞在時、プリンストンで久賀道郎に会ったのをきっかけに、佐藤はラマヌジャン予想のことを考え始めた。日本へ帰る間際の一九六二年夏、セルバーグの跡公式という数学的道具を使って代数幾何学的基礎付けをすると、ラマヌジャン予想が久賀の提案した「久賀多様体」のヴェイユ予想に帰着できるとわかった。佐藤はそのとき、これで証明できると思ったらしいが、前述のようなさまざまな経緯があった。一方、ヴェイユ予想は手強い問題で、その解決はグロタンディークの愛弟子フランスのピエール・ドリーニュの一九七四年の仕事を待たねばならなかった。それでも、ラマヌジャン予想は佐藤ばかりでなく多くの日本人数学者の興味を引き続けていたのである。これが佐藤予想の提唱に結びついた。

二〇〇六年四月、ワイルズとともにフェルマー予想証明の最後の仕上げをしたハーバード大のリチャード・テイラーが「佐藤‐テイト予想」を解決したというニュースが、世界の数学者を驚かせた。これは、二人が証明に成功したフェルマー予想のそれよりもずっと難しいと思われていた。類体論に必要なのが一次元のガロア表現だったとすれば、フェルマー予想の証明では二次元のそれが必要、佐藤‐テイト予想ではn次元が必要だからだ、と説明されている。テイラーが証明に成功したのは、数論の最先端である非可換類体論の成熟を表しているともいえるそうだ。ここでは、佐藤がどのようにその問題を見つけたのか、追ってみよう。

佐藤（‐テイト）予想はそもそも、一九六二年夏、当時東京教育大に勤めていた佐藤幹夫が大学院生だった難波完爾《かんじ》とともにおこなったコンピュータを使った数値実験がきっかけとなって提唱された。

プリンストン高等研究所ではラマヌジャン予想とヴェイユ予想の関係を調べていた佐藤は、日本へ戻り東京教育大に復職した後も、ラマヌジャン予想の式をいろいろいじっていた。佐藤の合同ゼータ関数に関する講義に出ていた難波は、ある夏の日、計算機を研究テーマにしていた岩村聯《つらね》と佐藤とともに池袋のビアガーデンで喉を潤していた。難波は大学に入ったばかりのパラメトロン計算機 HIPAC103（通称イチマルサン）に興味を感じ、ゴールドバッハの予想（すべての4以上の偶数は素数の和で書ける＝未解決）などの問題を計算させては結果を確かめて遊んでいたことを酒の話題にした。それを佐藤が聞きつける。「もっと意味のある計算をやってみませんか？」。難波は「面白いかもしれない」と思った。

佐藤は、ラマヌジャン予想の式をいろいろいじっているうちに、そこに登場する分母を素数pでゼロとするsの値（複素数値）の偏角θ_pの分布密度は$\sin^2\theta$に比例するのではないかと思っていた。それは、ラマヌジャン予想とリーマン予想（ゼータ関数の自明でない零点の実部は1/2を取るという予想）とがよく似ているところから、佐藤が手計算などを試みて考えついたことだった。

たとえば、いわゆる佐藤予想の拡張の特別な場合は下のようになる。

プリンストンでラマヌジャン予想を考えていたとき、共同で研究していた久賀が計算してみると、ラマヌジャンの式の偏角の分布は乱雑一様にはなら

$0 \leqq \alpha < \beta \leqq \pi$ に対して

$$\lim_{N\to\infty}\frac{(N\text{ 以下の素数 }p\text{ で、}\alpha \leqq \theta_p \leqq \beta\text{ をみたすものの個数})}{(N\text{ 以下の素数 }p\text{ の個数})}$$

$$= \frac{2}{\pi}\int_\alpha^\beta \sin^2\theta\, d\theta$$

ない、純虚数のところに集まる傾向がある、という結果が出ていた。これをさらに詳しく数値実験してみようというのである。同様の議論が楕円曲線の場合、別の方法で計算できた。その方が計算に乗りやすいだろうと二人は計算を始めたのである。

難波はプログラムや素数表などが打ち込まれた紙テープをカシャカシャと計算機に入力させて計算を進めた。その結果はパチパチとタイプライターから打ち出される。HIPAC103は日立製作所製のパラメトロン計算機最後の製品で、記憶装置も計算速度も、初期のパソコンに比べてさえ遥かに落ちるが、当時としては大学向けコンピュータのベストセラーだったという。結果は、学生バイトを使って大きな紙にプロットしたり、タイプに打ち出させたりした。計算は翌春まで続いた。四月に、佐藤は教育大から大阪大に移ることになった。その連絡などで、東京－大阪を往復しながら佐藤は考えをまとめていったようだ。

一九六三年五月、佐藤は難波とともに机の向こうにいる秋月《あきづき》康夫、岩村に計算データを見せながら、自分の予想について詳しく話した。そのときの資料が残っているが、紙に残る「$\sin^2\theta$」の下には、何本もの波線を引いた跡が残っている。よほどこれを強調したのだろう。

佐藤は、難波に計算実験をさせ、自分も面倒な手計算をしたあげくにこの問題については論文を書かずじまいで終わった。しかし、来日した数学者はこの話を聞きつけ、帰ってからも広めたらしい。その年のうちに「佐藤予想」として知られるようになる。米国のジェフリー・テイトは六四年の研究集会で佐藤予想を紹介、証明のカギとなる事実を述べたが、この際、佐藤が数値計算をもとにこの予想を提唱したことを明らかにしている。このことから佐藤予想は「佐藤－テイト予想」と呼ばれるようになった。以来、この問題は、佐藤の手を離れ、数論の本格的な問題となった。

概均質ベクトル空間

リーマンのゼータ関数という不思議な関数がある。

$$\zeta(s) = \sum_{n=1}^{\infty} \frac{1}{n^s} = 1 + \frac{1}{2^s} + \frac{1}{3^s} + \cdots$$

という定義で、これをオイラー積の形に書けばこの関数がすべての素数についての情報を含むということが想像できる。この級数が収束するのか、本当にちゃんとした値を持つのかというとちょっとつまずきやすいところがある。先ほどの定義の式では変数 s（複素数値を取ると考えて）の実部は1より大きくないと収束しない。ところが複素関数論における「解析接続」という魔法（より大きな領域へと定義域を広げていく方法）を使うと、１以外のすべての s について、この関数が有限確定値を持つことがわかるのだ。

たとえば $s=1$ のとき、

$$\zeta(-1)=1+2+3+4+\cdots\cdots$$

は、無限大に発散するのではなく $-1/12$ という値を持つのだ。

また、ゼータ関数は

$$\zeta(1-s)=2^{1-s}\pi^{1-s}\cos\frac{\pi s}{2}\Gamma(s)\zeta(s)$$

という関数等式を持つことも注目されている。

ゼータ関数に似た関数は数学のいろいろなところに登場する。数の世界にもゼータ関数もどきのディリクレ級数というものが考えられるし、代数関数の世界などで同じようにゼータ関数もどきが定義できるのである。これはなぜか？　なぜ、収束域を越えて広げることができるのか、なぜ、関数等式があるのか……こういう関数を貫く一般論を見出したい……。そんな数学者の希望に応えようとしたのが、佐藤幹夫がアメリカに滞在中の一九六一年ごろから考えた「概均質ベクトル空間」の理論だった。彼は基本解が求まる偏微分方程式とはなにか、ということを考えていて、ここまで話をふくらませたのであった。

彼は、「佐藤超函数」の理論を引っさげてプリンストン高等研究所のアンドレ・ヴェイユのもとを訪れたのだが、佐藤超函数を支えるコホモロジー理論をヴェイユが気に入らず、佐藤はその研究をストップしてしまった。その代わりに取り組んだのが、数論の基礎を支える概均質ベクトル空間であった。

佐藤の弟子で、その後、概均質ベクトル空間の分類論を完成させた木村達雄によると、その背景にはある群があった。それを働かせても変わらないような相対不変式があることが等式の成り立つ原因であることを佐藤は見抜いたという。佐藤はゼータ関数の同様の関数が満たすべき条件を考え、それを満たすものが存在する世界「概均質ベクトル空間」を組み立てた。さらにその中で超函数を項とする級数を考えて、それがこの世界の「ゼータ関数」であることを示した。この研究で、いわば佐藤は、ゼータ関数の「成り立ち」にずばりと切り込んで、いろいろな計算ができる算段をつけたのである。

この理論については、佐藤は、プリンストンでのセミナー、帰国後の大阪大の講義、再度訪米した際のコロンビア大学の講義、六九年の東大の講義などを行い、概均質ベクトル空間は多くの人に知られることになった。しかし、またしても論文は書かなかった。

新谷卓郎《しんたにたくろう》は苦労して独自の証明も入れて東大での講義のノートをまとめ、手書きガリ版誌『数学の歩み』に発表した（一時期、この理論の教科書はこれしかなかった）。木村達雄は分類理論を佐藤と共同研究して完成、教科書を書いた。柏原正樹は代数解析を使って概均質ベクトル空間の具体的計算をしてみせた。ここでも、佐藤の理論は「佐藤スクール」に支えられたのであった。

◉整数論年表……………………

一九〇三年　高木貞治、学位論文「有理複素数体上のアーベル数体について」でガウスの数体に対する「クロネッカーの青春の夢」を解決。

一九二〇年　高木貞治、東大紀要に論文「相対アーベル体の理論について」一三三ページを発表。それまでの類体論研究の総まとめで、いわゆる「クロネッカーの青春の夢」を解決した。

一九二二年　高木、続編「任意の代数体における相互法則について」五十ページをやはり東大紀要に発表。

一九二七年　エミール・アルティン、「一般相互法則」を証明した論文を発表。高木−アルティンの類体論がまとまる。

……

一九五五年　代数的整数論国際シンポジウム（九月八日〜一三日、東京・日光）外国招待者十人、日本約五十人（内容　虚数乗法論とその拡張・代数体の整数論・二次形式論・代数幾何学・可換環論）。

一九五七年　伊原康隆、東京大学入学。

一九五八年　谷山豊、自殺する。

一九六一年　伊原、東大卒業。このころ、佐藤幹夫はプリンストンでラマヌジャン予想について久賀道郎、志村五郎らと研究。ヴェイユ予想への帰着に気づく。

四月、伊原、大学院修士課程を修了して東大助手になる。約三年にわたり米国出張（MIT三か月、シカゴ大一年、プリンストン研究所と大学に二年近く）。

一九六三年　佐藤幹夫、佐藤予想（後に佐藤−テイト予想）に到達。

一九六六年　伊原、米国から帰国。
一九七〇年　伊原、ニースで開催された国際数学者会議で招待講演（「特殊例における関数体上の非アーベル類体」）。
一九八九年　十二月、伊原、数理解析研究所に着任（〜二〇〇二年三月）。
一九九〇年　京都で国際数学者会議。伊原はそこで招待全体講演（「組み紐、ガロア群とある数論的関数」）。
織田孝幸（〜九四年三月）、松本眞（〜九五年八月）着任。代数多様体基本群へのガロア群の作用についての研究に集中（これは一九八〇年代に伊原が研究開始。同時期にグロタンディーク、ドリーニュらも始める）。この年、中村博昭、グロタンディーク予想のもっとも基本のところを証明。
一九九二年　四月、玉川安騎男着任。六月望月新一着任。
一九九七年　玉川、グロタンディーク予想の部分的解決。
一九九九年　グロタンディーク予想を望月新一が最終的に解決。
二〇一二年　八月、望月新一、宇宙際タイヒミュラー理論論文四部作を自らのホームページに掲載。これでABC予想が解決したとする。

◉参考文献と読書案内……………………

・数論の現状を知るには別冊数理科学『数論の歩み――未解決問題への挑戦』(サイエンス社、二〇〇〇年)が、多くの専門家の解説が並んでおり、手っ取り早い。しかし一つ一つの解説は、難解で簡単にわかるものではない。

・数論の入門書として藤崎源二郎、山本芳彦、森田康夫『数論への出発　増補版』(日本評論社、二〇〇四年)が、手頃である。同じ山本の『数論入門』(岩波書店、二〇〇三年)もわかりやすい。

・歴史的な教科書としては高木貞治『初等整数論講義　第二版』(共立出版、一九七一年)が有名だ。これに続くのは同じ著者の『代数的整数論　第二版』(岩波書店、一九七一年)だが、簡単に読める本ではない。

・非アーベル類体論についての教科書、参考書はほとんどない。加藤和也、斎藤毅、黒川信重、栗原将人『数論I』『数論II』(岩波書店、二〇〇五年)でもほとんど触れられていない。加藤和也の類体論・非可換類体論シリーズ1の『フェルマーの最終定理――佐藤-テイト予想解決への道』(岩波書店、二〇〇九年)もあるが、2以降は未刊である。伊原らの非アーベル類体論、ガロア群の理論、グロタンディーク予想の解決については、数学会の雑誌『数学』にいくつか論説がある。

・望月新一の仕事については、まだ数学者内部の理解もこれからの状態だ。望月自身が自分のホームページ(http://www.kurims.kyoto-u.ac.jp/~motizuki/)に成果を公開している。自分の数学についても丁寧に解説しているのは素晴らしいが、難しい。

第四章

数学から物理へ、物理から数学へ

数学の最も親しい友人は物理学である。新しい物理は新しい数学を生み、新しい数学は新しい物理を支え続けた。そういう場面は数学と物理の歴史の中で何度も現れたし、これからも現れるだろう。

物理は常に数学の源泉であった。微分積分はニュートン力学から生まれた。ベクトル場がマックスウェルの電磁気学から出てきた。二十世紀初めの量子力学の構築は、それまでの代数学、解析学の蓄積がなければありえなかっただろう。二十世紀後半から数学と物理の交流はますます活発化し、物理から新しい問題をもらっては、新しい数学が誕生し、逆に最新の数学は物理研究の最先端にどんどん利用される。特に幾何学と物理の関係は目を見張るほどになっている。自然の原理を追い求める物理学の思想と、ヒトの思考が数理の構造を求めてつくり上げる数学の思想は、相当異質なのにもかかわらず、物理と数学の蜜月関係は続いている。

ここでは物理学の中でもっとも数学に近い「数理物理」という視点から、数学と物理がからまって発展した物語を紹介する。登場する人たちは、数学者というより物理学者であり、素粒子理論、場の理論、統計物理などの分野で、この世界の具体的な一断面を見せようという希望がある。しかしあくまでも厳密性、数学的な厳密証明をもって説明したい、というのが数理物理学者だ。それでも、数学者と違う視点がちらほらする。

農学部正門から入った京都大学北部構内には、数理解析研究所と基礎物理学研究所が並んでいる。それは数学と物理の関係をとてもよくあらわしているように私には見える。

第一景—無限と非可換に挑んだ「作用素環論」

量子力学と数学

数学がなければ量子力学は生まれなかった。

量子力学誕生という場面で、基本原理とされたのは正準交換関係（$pq-qp=ih/2\pi$：qは座標、pは運動量）という式であった。見れば分かるようにp、qは掛ける順番を変えれば値が変わる「可換でない」不思議な数だった。一九二五年にハイゼンベルクが苦労して探り当てた行列力学では、pやqという物理量を普通の数ではなく行列と考えなければならなくなった。十九世紀後半に生まれたシルヴェスター、ケイリー、ジョルダンらに始まる「行列を扱う数学」がなければその後の発展はなかっただろう（ハイゼンベルク自身は自分の論文に出てくる数学が行列とは気づかず、そう認識したのはさらに行列力学を展開したボルンやヨルダンだった）。さらに、一九二四年に出版されたクーラントとヒルベルトによる名著『数理物理学の方法』は、p、qを関数に働く演算子と考えてシュレーディンガーが一九二六年に始めた波動力学に使われる偏微分方程式を解き、その固有値を求めるための数学をちょうど含んでいた。

逆に、量子力学もそれまでになかった数学を生んでいる。ディラックは一九二六年、波動力学と行列力学を結ぶ変換理論を作る際、連続した物理量を扱うのにデルタ（δ）関数を導入、その後の超函数（distribution）の嚆矢とした。同じ年、ヒルベルトは量子力学についての講義を行い、自らがこれまで発展させた積分方程式論、固有関数と固有値の理論、そしてまさに発展させつつあった無限次元のヒルベルト空間論が、まさにその基礎にあることを明らかにした。

ハイゼンベルク、シュレーディンガーらの量子力学建設から六年ほどしか経っていない一九三二年、一冊の本が出版された。『量子力学の数学的基礎』である。著者はハンガリー生まれの数学者でプリンストン大学教授のジョン・フォン・ノイマン、二十九歳。行列力学、波動力学という見かけの違う二つの「量子力学」を、ヒルベルト空間論を基礎においた数学を駆使して一貫した形でまとめたのである。物理学者にとっても数学者にとってもわかりやすい構成だった。そこでの主人公は「作用素」である。作用素とは、関数に作用させる微分操作などからなる「演算子」であり、量子力学ではエネルギーや運動量などの物理量をあらわす。量子力学で解くべきシュレーディンガー方程式では、量子の波をあらわす波動関数にエネルギーをあらわす作用素（ハミルトニアン）を作用させて、どういうことが起こるかを調べることができるという設定だ。数学的にいえば「自己共役作用素の無限次元ヒルベルト空間における固有値問題」を解かなければならない。偏微分方程式論、函数解析、固有値を調べるスペクトル理論と、多くの数学がここから生まれている。

フォン・ノイマンの「量子力学の数学」はそれに終わらない。一九三〇年代後半に、博士研究員のフランシス・マレーとともに代数学における「環」の考え方を解析学に取り入れた「作用素環」の建設に取り組んだ。作用素の中には、波動関数に作用させると限りなく大きな量になってしまうもの（有界でない作用素）があり、これは通常の解析学では扱いにくいものだが、代数的な方法を使うと、うまく扱える場合がある、というのが建設の理由だった。フォン・ノイマンはこの課題をポスドクのマレーに与えたときには「そんなに難しくないだろう」と考えていたようだが、マレーから「難解である」と報告され、俄然、自分でやる気になったという。二人は、「作用素の環について」というシリーズとなる四編の論文を四〇年代初めまで次々に発表、この環は「フォン・ノイマン環」と呼ばれるようになった。

普通の量子力学では、波動関数（あるいは状態ベクトル）とそれに働く作用素という形式で方程式を作り、解析学を駆使して波動関数の形を求めようとする。たとえば、電子が遠くから飛んできて陽子のそばをすり抜け、また去っていくというときにどういう軌道を取るのか（散乱問題という）を計算するというのが代表的な問題なのだが、作用素環を使う方法では、そういうことはしない。物理量を抽象的な代数的存在である「環」に属する元（＝作用素）で表わし、もっぱら代数的な方法でわかる限りの厳密な結果を導いていくというのが特徴である。

四十年代になると、モスクワ大学のイズライリ・ゲルファント、マルク・ナイマルクがフォン・ノイマン環よりも広い C^*環《シー・スターかん》を導入した。物理への応用にはC^*環の方が都合がよかったようだ。米国では、C^*環を使って量子力学を定式化しようとする動きも現れた。しかし、その定式化の深い意味が物理学者たちに認識されるまでにはもう少し時間がかかった。

原子や分子など有限個のシステムを扱う量子力学は見事な成功をおさめた。しかし、一九三〇年代以後、電磁場など無限個の自由度を持つシステムの量子力学＝場の量子論を扱おうとするといろいろ困ったことが出てきた。有名な「項の無限大への発散」は朝永－ファインマン－シュウィンガーのくりこみ理論で解決できたが、もう一つの問題が現れていた。

有限のシステムでの量子力学では、その基礎にある正準交換関係（$pq - qp = ih/2\pi$）に対して、pやqという作用素は自然に一つに決まってくれた。しかし、無限個の粒子を含むシステムでは、互いに等価でない無数のp、qの表現の仕方が存在するということをニューヨークのクーラント数学研究所の数学者オットー・フリードリクスが一九五〇年に示した。有限と無限には大きな差があったのである。無限の自由度を持つ場の量子論を矛盾なくつくり上げるためには、有限からだんだん増やして無限への極限をとったりせずに、無限をそのままに扱う数学が必要だった。それが作用素環という数学だった。

京都からプリンストンへ

京都大学工学部教授で量子力学の応用を広めた物理学者、荒木源太郎を父に持つ荒木不二洋《ふじひろ》は早熟な科学少年だった。「生い立ちの記」(『数学セミナー』一九八一年九月号収載)によると、中学生の頃から高木貞治の教科書を読みヒルベルト空間論をかじり、高校では英語の練習にシッフの『量子力学』を読んだ、というのだから……。京都大理学部に入ってからは、迷った末に「物理を職業に、数学を趣味に」と決め、物理学を専攻した。三年生で色素スペクトルの量子力学的計算をし父と共著で書いたのが初論文となった。また、一九五三年、京都で開かれた国際理論物理学会議では通訳を務め、来日したユージン・ウィグナー、ジョン・ホイーラーなど大学者とも面識ができた。

京都大学理学部物理学教室の湯川秀樹研究室で場の量子論を研究して修士課程を終えた荒木は、一九五七年、氷川丸に乗り米国へ向かった。フルブライト留学生として九月からはプリンストン大学に通い始めた。そこではつじつまの合った場の量子論を作るために「公理論的場の理論」の研究をしている数理物理学者アラン・ワイトマンに師事するはずだったが、彼のパリ長期出張でかなわず、二年間の滞在予定でドイツから到着したばかりのルドルフ・ハーグの指導を受けることになった。ハーグは荒木に「作用素環論が場の理論の数学としては最適だ」と主張した。これが、荒木と作用素環の長い付き合いのきっかけとなった。荒木はハーグの指導で、マレーとフォン・ノイマンの論文を読み、ナイマルクの仕事も勉強した。測定可能な物理量を表す作用素、その全体からなる「作用素環」を時空領域ごとに対応させるという考え方に魅力を感じて勉強を続けた。

当時のプリンストン大学とプリンストン高等研究所は、数学と物理の巨人があふれるほどいた。荒木は、大学では旧知のホイーラーの一般相対論ゼミに顔を出したり、ウーレンベックとヤンの統計力学のセミナーでも勉強したりした。高等研究所の行事にも積極的に参加した。こうした「乱読」が後に役に立つことになったのである。さらにその雰囲気についても荒木はこんなエピソードを紹介している。——ホイーラーとアインシュタイン方程式の初期値問題について議論していたとき、数学的に面倒な点が出てくるとホイーラーは「隣へ聞きに行きましょう」といって部屋を出た。廊下を少し行った先は微分幾何学の権威アイゼンハルトの部屋であった。「三時のお茶の時間に数学と物理の人が集まって談笑のうちに学問上のニュースを交換したりという

荒木不二洋
（1996年、数学セミナー編集部撮影）

ように、ここでの一般的な雰囲気であることを知って、大変にうらやましく思ったしだいであった」(「発展途上の数理解析研究所」、『数学セミナー』六五年四月号所収)と荒木は言っている。これが、数学と物理の上手な交際法であることを心したのであった。

当時は、ワイトマンの公理論的場の理論が全盛期であった。荒木もそこに登場する「ワイトマン関数」の数学的性質を調べたり、散乱問題に応用してみたりして充実した研究の日々を送った。同時に、ハーグの抽象的な代数で物理的結論を出す研究も面白かったようである。一九六一年、チューリッヒのスイス連邦工科大学で一年間、作用素環とその物理的応用について話した講義は、後に教科書となり名著とされた。

無限の自由度を持つシステムの量子論についてはどうなったか。ハーグは無数の等価でない表現もすべて意味を持つと判断、それらは大局的な状況が違うだけで実質的には「物理的同値」であるという概念を提唱した。留学後半、ハーグとともにイリノイ大学で研究活動を続けていた荒木は、一九六四年、この議論が決着するのを目の当たりに見た。荒木の隣の席にいたフランス人共同研究者のダニエル・カストラーが、山のように数学論文のレビュー誌を積み上げ、かたっぱしから読むうちに、ハーグのいう内容が二年ほど前にC^*環の理論で「フェルの定理」として数学的に証明されているのを見つけたのである。これらの結果をもとに、ハーグとカストラーは、場の量子論をC^*環を使って定式化した論文を発表した。物理から数学に向けて作用素環、C^*環が「使える!」と主張した最初の論文であった。荒木もこれに関与し、この定式化は荒木ーハーグーカストラーの定式化と呼ばれることも多い。

数理物理の立場から、数学的な作用素環論への貢献も少なくなかった。フォン・ノイマンらの論文では、作用素環はI_n、I_∞、II_1、II_∞、IIIというタイプに分類されていた。II型については詳しく調べられていたが、III型は仲間はずれ的なものとされ、あまり顧みられていなかった。荒木は、物理のいろいろな問題について作用素環を使って調べているうちに、III型が意外に現れるということに気がついた。とくに相互作用のない「自由場」の場合は、III型が出てくるのだった。この点について、荒木は周りと主張が異なり、大論争をした。後の議論を見ると、ここでIII型に注目していたのは大正解だったのである。ここからIII型の研究に火がついた。

ハーグに作用素環をはじめとする数理物理の精神を叩きこまれた荒木は六四年、帰国、京都大数理解析研究所の応用解析第二研究部門の教授となった。早速次の年には、作用素環論の研究集会を開いた。全国に声をかけたところ、東北大学から竹崎正道ら二人、岡山大学から冨田稔などが集まった。実は日本では、東北大学数学教室に作用素環論の強力な研究チームがあり戦前から活動していたし、そのほか各地で独自に活動していた数学者がいた。作用素環論の「冨田－竹崎理論」を作って後に世界的に有名になる主役級の研究者たちが日本にいたことに、荒木は初めて気がついたのだった。数理研の研究集会は、以後も年一度以上開かれ、日本の作用素環研究の要となったのである。

作用素環、セカンド・ステージへ

一九六七年三月、米ルイジアナ州バトンルージュで開かれた作用素環に関する国際会議は、作用素環を研究する数学者にも数理物理学者にも大事件の連続であった。

まず、荒木もこだわっていたⅢ型の問題である。それまで多くの具体例はなかったⅢ型について、プリンストン大学の物理専攻大学院生ロバート・パワーズが「Ⅲ型因子環は連続無限個ある」という結果を発表した。Ⅲ型についてこれまでは、荒木以外のほとんどが「その他の奇妙なもの」という扱いをしていた。荒木はウッズとともにパワーズの結果をさらに一般化、代数的場の量子論でもっとも自然にあらわれる「荒木－ウッズ環」というものを作ってみせた。

このパワーズ・ショックを上回る影響、と後にいわれたのが、九州大学の冨田稔が十年の時間をかけて、岡山と福岡でこつこつと作ったフォン・ノイマン環についての一般理論、後に東北大の竹崎正道が詳細に整備した「冨田－竹崎理論」となる理論のプレプリントであった。難解で未完成の部分が多く、正式に会議で取り上げられずに会場で配られただけであった。しかし、その会議で注目されたもう一つの論文、熱平衡状態にある物理的システムの統計力学を作用素環論で調べたハーグ、ヒューゲンホルツ、ウィニークの論文に出てくる式と同じような式がいくつも冨田のプレプリントに出てくることに参加者は目を見張ったのである。物理に基礎を持つ論文と数学プロパーの論文にどうして共通性があるのか？　どうも、熱平衡条件として出てくるKMS条件（久保－マーチン－シュウィンガー条件）は、久保亮五《りょうご》は線型応答理論で有名な統計物理学者、シュウィンガーは朝永らとノーベル賞を分け合った素粒子理論家）が、物理だけでなく純数学的にも重要であるらしい。これは後に竹崎によって解かれたのだが、この事実は数理物理学者としての荒木にも火をつけ、無限自由度を持つ系の統計物理における平衡状態をきちんと数学的に特徴づけるいくつもの成果を出した。

バトンルージュの後、竹崎は京都での富田の三日間のセミナー、ペンシルベニア大でのセミナーでの議論を基礎に、一冊の講義録を書き上げ、七〇年に出版した。六九年にはカリフォルニア大学ロサンゼルス校に腰を落ち着けていた。日本は学園紛争の真っ盛りであった。荒木はウッズとともにⅢ型環の分類やその構造分析に必要な数学を次々に開発した。そして竹崎の講義録と荒木‐ウッズの仕事は次のスーパースターの能力を呼び覚ました。一九八二年にフィールズ賞を受けたフランスのアラン・コンヌである。竹崎、荒木という先達がいなければコンヌの成果は出なかったかもしれないのだ。

作用素環のスーパースター

七一年夏、シアトル・バテル・メモリアル研究所で竹崎がおこなった作用素環に関する講義で、鋭い質問をするモジャモジャのあごひげを生やした青年がいた。彼は前年にフランスの超エリート校エコール・ノルマルを卒業後、整数論や基礎論など自らの求める数学を探し続けてきたという。この講義に参加する前に寄ったプリンストンで竹崎の講義録を手に入れ、プリンストンからバンクーバー経由でシアトルに至る汽車旅の中で、それに読みふけった。途中、シアトルで竹崎が講義をすることを知ったという。シアトルでの六週間で作用素環論に目覚めたコンヌは帰国後、荒木‐ウッズのⅢ型分類論を富田‐竹崎理論で書き直す仕事から猛烈な勢いで研究を始めた。

翌七二年、荒木はウッズの招きでカナダ・キングストンのクイーンズ大学で研究に勤しんだ。荒木は作用素環論に基づいたいわゆる非可換積分論の構築とⅢ型の構造と分類について次々と成果を出した。竹崎も同時期に同様の成果を得ていた。五月中旬、テキサスで開かれたシンポジウムで二人は顔を合わせ、同じ結果を出していることに本人も周辺も驚いたという。竹崎も夏には荒木に合流し、共同研究を始めた。一方、コンヌは、荒木と竹崎のプレプリントを読んだ作用素環論のフランスの指導者ディクシミエからはっぱをかけられていた。彼は南仏のバンドールへ赴き、かつて荒木ともつきあいのあったカストラーの指導のもと、パワーズとも組んで、Ⅲ型環の構造定理の構築に熱を入れた。荒木によれば、この頃、コンヌからも分厚い手書き論文原稿が次々と送られてきたという。大西洋を挟んで米国とフランスで作用素環研究の大合戦が行われていたわけだ。七二年秋、コンヌも竹崎も自らの定理の証明を終わり、一段落した。コンヌはこの結果を学位論文にまとめたが、そこまでに自分で開発した数学的道具の数々は、その後の発展の基本となった。

その後、コンヌは作用素環論を土台に仕事を大きく拡げ、独自の非可換積分論から葉層理論への応用、指数定理の一般化、さらに非可換微分幾何学という方向に発展させた。その成果で、一九八三年、ワルシャワでの国際数学者会議でコンヌはフィールズ賞を得た。そのとき、荒木は、コンヌを紹介する役割を受け持ち、こう話した。「作用素代数の理論は、三十年ほどの他と分断された育成の後に一九六〇年代終わりに革命的な発達を始めた。その革命の第一段階の煙が消え去らぬうちに、アラン・コンヌはこの分野に登場したのである……」。自らの分野で初めて出たフィールズ賞に喜ぶ荒木の表情がそこに見えるのである。

荒木が注目した作用素環論とそれを使った代数的場の量子論は、自然の物理的理解にも大きな影響を与え続けている。たとえば、その指導を受けた小嶋《おじま》泉が長く取り組んでいる「ミクロな量子系とマクロな古典系」の物理・数理的な相互関係を追求するプロジェクトには、場の量子論、統計物理、作用素環論、量子情報論など物理と数学をまたいだ多分野の研究者が参加、物理の最も深い基礎を議論し続けている。たとえば、その文脈で重要な役割を演ずる「一つのマクロとは無限個のミクロ量子の集積効果だ」という量子古典対応が目指すスローガンにも深い数学が隠れているのである。

第二景―完全な「場の理論」目指して

一つの電子、あるいは原子、分子という世界なら量子力学はシュレーディンガー方程式を解けば済む。もっとたくさんの粒子が相互作用しあったり、あるいは光子のように粒子が自由に生まれたり消滅したりする世界では、「場の量子論」という、より広い量子論の枠組みが必要だった。これは古くはハイゼンベルクとパウリという巨人が組み立てた理論だが、いろいろと欠陥があった。たとえば、計算すると無限大の項が出てきてどうしようもなくなっていた。それはくりこみという方法を生み出し解決したのだが、しかし、数学的な扱いから見ると、物理はいかにも「いい加減」であった。数学的定義がはっきりしない方法でもどんどん使ってしまう。それが「発展の原点」という面もあるが、最も基本である電子と光を扱う量子電磁力学でもさらなる数学的「完全」を目指しての努力が続いていた。

挑め！「厳密に、数学的に……」

ノーベル賞を受賞したときちょうど米国にいた湯川秀樹は、一九五三年に帰国、京都大学理学部教授兼基礎物理学研究所長として日本での研究活動を再開した。五五年、荒木不二洋と同期の中西襄《のぼる》は、共に湯川研究室に入った。二人とも素粒子理論の基礎として場の量子論の勉強に懸命となった。朝永－シュウィンガー－ファインマンの手によって始まった光子と電子の量子力学＝量子電磁力学（QED）はすでに固まっていたといってもよかったが、厳密さを好む中西の目には、いろいろなところにアラが見えた。

一例をあげる。量子電磁力学では、素粒子どうしの反応を、個々の素粒子間の相互作用の一つ一つから組み立てその総和であらわすが、相互作用の要素を一つの「図形」で表す。これがいわゆるファインマン・グラフで、これを見れば一定の規則に従って計算式を書き下すことができ、それはいくつかのファインマン積分というものになる。ファインマン・グラフを使った計算は、古くからの式だけによる計算よりもはるかに見通しがよく、これを考えだしたファインマンのひらめきには感嘆の声が絶えなかった。

ところが、数学に厳密な態度をとる人にとっては、気持ちが悪いのである。式の中のかけ算は大丈夫か？　積分は収束するのか？……

修士課程での研究で中西はファインマン積分の数学的厳密化に力を注いだ。その結果、ファインマン・グラフの位相的構造（頂点とそれをつなぐ線の「網状構造」の幾何学的特徴といえばいいだろう）で積分はきれいに決まることがわかった。これが中西が一九五六年に証明したファインマン積分の位相公式であった。中西の実質的なデビュー論文であり、これ以来ずっと場の量子論と彼の付き合いが続くのである。

さらにファインマン積分を多変数の複素関数と見て、その特異点など解析関数としての特徴を調べる仕事が続いた。あのレフ・ダヴィドヴィッチ・ランダウと競い、その基礎方程式には「ランダウ－中西方程式」の名もある。後に、このファインマン積分の問題は、佐藤幹夫らが創始した「超局所解析」で調べられ、いろいろな性質がわかった

中西襄
（2013年、筆者撮影）

ことを付け加えておこう。

量子電磁力学では、波長の長い光子（エネルギーが低くて観測されない）が計算上、悪い性質を示し無限大を作ってしまう、いわゆる「赤外発散」という現象が問題になっていた。実際にはそういうものはあらわれないことから、正確に理論を作れば計算の各段階である項と別の項が相殺してゼロになっているだろうと推測されたが、証明はなかった。中西は、最も低い近似で相殺しているメカニズムを示した朝永門下の木下東一郎の仕事を参考に、すべての近似段階で項どうしが相殺し発散を起こさないことになっているのを示した。これも中西の大学院時代の大きな仕事だったが、あまり振り返られなかったという。

満足できる正準量子論を！

次に取り組んだのは、二つの粒子が相互作用しあう現象の量子力学的様子を相対論的に扱ったベーテ－サルピーター方程式だった（一九五一年、ハンス・ベーテとエドウィン・サルピーターが提唱。前年に南部陽一郎が導出なしに論文に登場させている）。これの解法を研究するうちに、粒子の存在確率をあらわす量（ノルム）がマイナスになる解があることを見つけた。ノルムというのは確率なので、マイナスになることはおかしい。もともと、それは正の値になるように想定して量子力学的理論を出発させたはずなのに、不思議な事態が起こっていることになる。二つ以上の粒子を相対論的に扱うとどれにも時間を指定しなければならず、それが「悪さ」をする。どちらのつじつまも合うように理論を作るなら、ノルムは正でも負でもどちらでもいいようにしておいて、あとで不要な方を「お化け」(専門家はゴーストと呼ぶ)として消えるようにうまく仕組まないといけない。これが後に作られる「不定計量の場の量子論」のそもそものきっかけとなった。

くりこみ理論で「完成型」と思われていた量子電磁力学も、隅々まで矛盾のない完成型にはなかなかならなかった。目標は、①交換関係をきちんと使う「正準量子化」という正統的な方法を使い、②運動学的に完璧な「相対論的に共変」(言い換えれば、方程式にローレンツ変換を作用させても式の形が変わらない)な形式にまとめないといけないのだが、細かい詰めが十分とはいえない状態であった。ベーテ－サルピーター方程式と同じことが、量子電磁力学でも起こっていた。このように数学的に納得できないのにそのままになっているいくつもの問題点に果敢に取り組んでいくのが中西の姿勢であった。

中西が研究を始めた頃、場の量子論の「定番」であったのは一九五〇年にスラジ・グプタが定式化し、すぐ後にコンラッド・ブロイラーが整えた「グプタ－ブロイラー形式」という定式化だった。それが使っている「ファインマン・ゲージ」が一番自然なものでないという不満が中西にはあった。

電磁場には、もともと「原点が決まっていない」という特徴がある。いわゆるゲージ変換に対する不変性だ。このため、具体的に理論を展開するときには、常に「原点」にあたる「ゲージ」という項を選んで方程式の中に入れてやらないといけない。計算の都合を考えるなどで、ゲージの決め方はいろいろあるが、そのお釣りとしてベーテ－サルピーター方程式でも出てきたような量子力学的解釈ができない「お化け」項が出てくる場合がある。こういう事情をどう処理したらいいのか、標準的な方法はまだだれも作っていなかった。

中西は一九六六年から仕事を始め、ゲージとしてもっとも自然な形の「ランダウ・ゲージ」を選んだが、その場合には「お化け」が出てこざるを得なくなる。それを処理するために、他に影響しない場（B場、補助場ともいう）を導入しなければならないことを見つけた。これをその年に発表した論文で初めて議論、翌年ロートラップも同様の理論を出したので「中西－ロートラップ形式」と呼ばれるようになった。理論を電磁場だけでなく他の素粒子にも通用するようさらに拡張し、質量を持たせるヒッグス機構も導入した。一九七二年に公表した総合報告では、正準量子化を使って相対論的に共変な「不定計量の場の量子論」をもっとも完全な形で記述、その後の素粒子を扱う場の理論の定式化として標準となった。この枠組は、次の課題である非可換ゲージ理論でも使われるべきものだった。

弟子が解いた「非可換ゲージ場の正準量子化」

素粒子の世界を説明するための原理の中で、最も重要なものの一つが「ゲージ」の問題である。それは電子と光子だけの世界から出ても変わらない。一九七〇年代、電磁場をはじめとして取り扱ったのは可換ゲージ理論ばかりであった。ヤンとミルズが一九五四年に提唱した非可換ゲージ理論へも拡張しなければならなかったはずだが、これは全く手つかずであった。ファインマンが創始した経路積分の方法で量子化する議論もあったが、これは数学的に「正当化」できず、中西は好まなかった。正準量子化の方法も追求されたが、中西以下だれもが補助条件をうまく設定することができなかったのである。それを突破したのが、京大物理教室の九後汰一郎《くごたいちろう》と、荒木と中西に学んでいた小嶋泉の二人の共同研究であった。

七七年春、中西は京大の物理学教室のコロキウムで話をした。そこで物理学科の田中正が質問をした。「中西さんの量子電磁力学のフォーマリズムは（非可換ゲージ場である）ヤン－ミルズ場にも適用できるようにできませんか？」。中西は「できればいいのですが、うまい補助条件を設定することができません。経路積分法ではお化けは出てこないといっているが、（無理に）解釈しているだけで、（自分の理論と同じ演算子形式の）理論として定式化しているわけではない」と答えた。博士課程を終えた直後の九後はこれを聴いていて、そんなことはない、と思った。「経路積分法と演算子形式は、（見かけは違っても）全く等価。一方でできることは他方でも必ずできる」という確信、あるいは思い込みがあったのである。そして「経路積分で示されているなら、演算子形式でも同じことがいえるはず。絶対できるはず」と興奮したトーンで発言した。中西は「到底すぐ解決できるわけはない」と思っていたという。

九後はいきなりそういうことを思いついたのではなかった。修士課程のとき、先ほど紹介した中西の不定計量の正準量子論についての講義を聴いていた。「大変に美しい定式化」と感銘を受けていたのである。特にその補助条件は、ちょっと修正すればヤン－ミルズ場でも適用できるのではないかと思っていた。そのときは、難しくて投げ出していたのだが……。

小嶋泉の記憶をたどってみる。京都大医学部を卒業後、一九七五年に理学部大学院の素粒子論研究室に入ったという異色の存在であった。場の理論の基礎を究めたいと思っていた。しかし、世界で場の理論を使った素粒子の標準模型の確立が行われる一九六〇年〜七〇年代に、日本では一部を除いて意欲的な場の理論研究が不十分であったようだ。京大でも、小嶋は大学院入学早々に「素粒子論をやるのに場の理論は関係ない」ということばを耳にしてショックを受けたと述懐している(「中西襄先生還暦記念シンポジウムを始めるにあたって」から=数理解析研究所講究録八六九号『場の量子論の基礎的諸問題』、一九九四年所収)。

それでも小嶋は、場の理論の勉強を続けた。微分幾何学で座標変換不変な微分を考える場合に必要な「接続」という概念が、「ゲージ場の理論」、特に当時まだ手の付けられていなかったヤン－ミルズの非可換ゲージ理論で中心になることを知って、小嶋は希望を持った。修士課程二年の冬休み、フランス人物理学者ジン＝ジャスティンのゲージ理論のくりこみについての講義録を読むうち、ヤン－ミルズの提唱する式を不変にする奇妙な対称性を示すＢＲＳ変換(七五年に提唱したベッキ、ルーエ、ストラという三人の頭文字をとっている)というものがあることを知った。ＢＲＳ変換は順序を交換すると符号を変えるグラスマン数が入っているし、二回使うとゼロになってしまう。しかし、場の理論研究者によく知られている「ワード－高橋恒等式」がそれを使うと素直に理解できるのに小嶋は興奮した。これでヤン－ミルズがきちんとわかるだろうと直観したのである。小嶋は場の理論に打ち込める数理解析研の博士課程に移りたいと思った。幸い、荒木と中西の理解を得ることができ、七七年春から、数理解析研で二人の指導を受けることになった。

小嶋は「三正面作戦」を取った。中西－ロートラップ形式という場の理論の正攻法を学ぶ一方で、荒木の指導で作用素環を使って場の理論を研究する「代数的場の量子論」を徹底的に仕込まれた。さらに、週一回は古巣である理学部物理教室の素粒子論研究室を訪ね、最新情報を得ていたのである。そして、九後との何気ない雑談を重ねるうちに、ヤン－ミルズを正準量子化するという共同研究のきっかけが生まれたのであった。

二人は「ワード－高橋恒等式」という場の理論ではよく知られた式を手がかりに、非物理的な状態を調べていった。一個の粒子しかないときは電磁相互作用と同じようにすんなり消える。二個だとお化けの性質（エルミート性）をきちんと考え直すことでなんとか消すことができた。三個の粒子の状態は力ずくで、四個の粒子の状態もほとんど頭がうつろな状態になりながらも消した……それ以上は式があまりに複雑すぎて見通しがつかなかったのである。そこで気がついたのがBRS対称性だった。この対称性が作り出す「電荷」Q_Bを使って補助条件 $Q_B|\mathrm{phys}\rangle=0$ を使えば、万事うまく行くことがわかったのだ。荒木に学んだ代数的場の理論も大いに力を振るった。夏には完成したこの非可換ゲージ場の正準量子論は「九後－小嶋形式」と呼ばれ、いわば「世界標準」となった。

重力場の量子論

一九七七年八月二十六日、中西は九後と小嶋から「難問を解いた」と聞かされ、驚愕した。補助条件がこれまで中西が取り組んだ量子電磁力学の属する可換ゲージ理論と同じくらい簡単なことも不思議にさえ感じた。「九月二十日、小嶋泉はそれを量子重力に拡張する可能性を示唆した」と中西は研究回顧に書いている。これがその後の中西のライフワークになる「一般相対論の不定計量量子場の理論」（七八年から八五年まで計二十報が執筆・発表された）のきっかけとなった。一か月の間無我夢中で計算、十月二十日に量子重力理論の構成法を作り上げた。それは、非可換ゲージ場理論よりも可換ゲージ場理論に似ていると中西は思った。東京大学の西島和彦らも同様な理論を提起したが、それも中西のものとよく似ていたのは心強かった。中西はその後も、数理解析研の阿部光雄と組んで、重力場の共変的正準量子論に取り組み続けた。

重力（つまり一般相対性理論）と量子力学の「結婚」は大変に難しい問題である。中西の重力場の正準量子論だけでなく、いろ

中西と九後汰一郎（右）（2013年3月、九後の最終講義で。筆者撮影）

いろな理論が提出されているが、まだ万人を納得させるものはできていないようだ。四つの力（電磁力、弱い力、強い力、そして重力）のうち、重力を除いた三つまでは、ほぼ満足できる量子論ができているし、さらにそういう力を統一的に捉えようという理論も存在する。重力は一般相対論に従えば、われわれの住んでいる時空に関する力なので、もしそれを量子論的に考えようとすれば、周りの時空そのものの根本から考え直さねばならないが、中西もそれを検討した。さらなる研究のバトンは次の世代に渡されている。

重力場の量子論に挑み続けた中西だが、それと同じ目的を持つ超弦理論については「首尾一貫した理論構成を持っていない」と厳しい態度を取り続けている。いくつか反対のポイントはあるのだが、最大のものは時空の4次元を超える次元が設定される点だ。たとえば、10次元の超弦理論では、次元は4次元と6次元に分かれ、前者は私たちの住む時空であり、後者は小さく縮まって見えないようになっていると主張されるが、中西には後者の存在が許せないようである。他の素粒子の場とあくまでも整合的な理論を作ろうとした中西と、野心を持ってすべての力を統合しようとする超弦理論支持者との態度の違いでもある。

しかし、超弦理論の隆盛は確かである。大学での素粒子論研究室の半数は素粒子の現象論を研究し、半数は超弦理論を研究しているというのが現状である。さらに、この新理論が、数学に新しい流れを導入しているのも間違いなく、それは一九九〇年にフィールズ賞を受けた物理学者エドワード・ウィッテンの業績が物理学者だけでなく数学者、特に幾何学者に大きな影響を与えていることからもわかる。一九九一年、超弦理論を専門とする大栗博司が数理解析研に着任、中西が荒木と同時に数理解析研を退職した一九九七年の後も超弦理論を研究する若手が在籍し続けているのも、大きな潮流の影響である。

第三景—弦から数学へ、数学から弦へ

超弦理論は数学的であるといわれる。いつだったか、基礎物理学研究所の所長を勤めた江口徹に「どうして超弦理論は難しいといわれるのか？」と聞いたことがある。「いや、超弦理論の数学は難しい。本質的に難しい数学を使っている」と江口は答えた。数学の難問に対し、「物理的」に解を見つけてしまうという不思議なことをやってしまうのも超弦理論である。

大栗博司が京都大学理学部を卒業し大学院に進んだ一九八四年、世界的な革命が次々と起こった。いや、政治の世界ではない。超弦理論

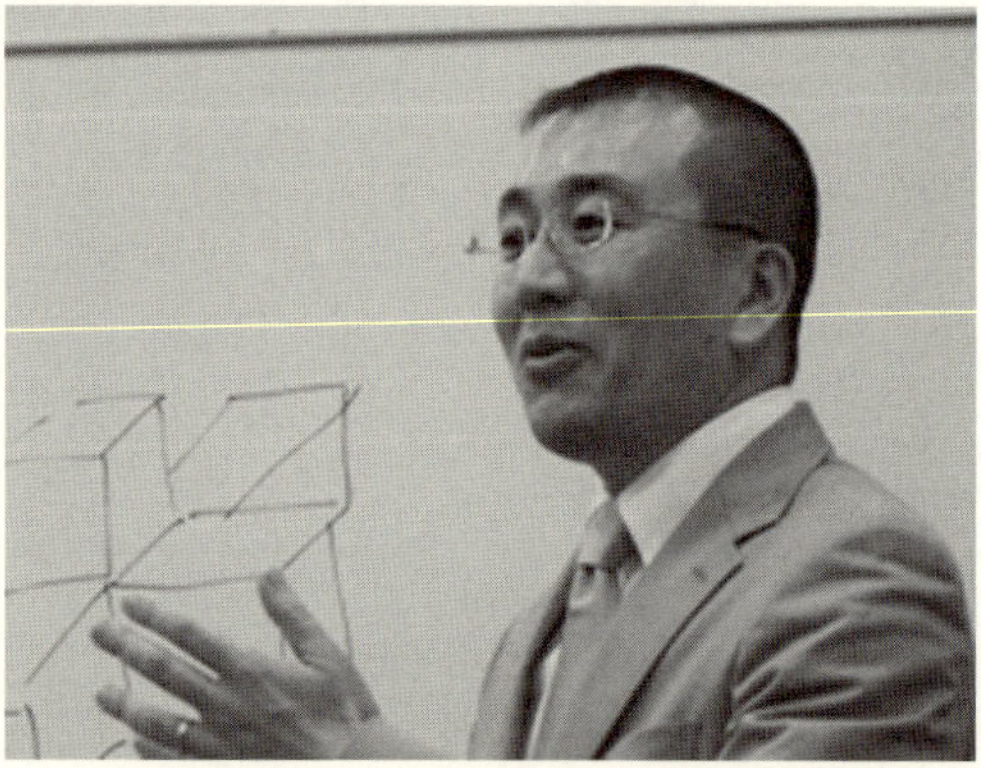

大栗博司
（2009年、筆者撮影）

という究極の素粒子論の世界での話である。

素粒子が一直線に伸びた弦かあるいは輪ゴムのようなリングの形をしている、というのは一九六九年から七〇年にかけて、南部陽一郎、後藤鉄男、レオナルド・サスキント、ホルガー・ニールセンらが言い始めたことだ。これに超対称性という考え方を加えて、あらゆる粒子を作り出す材料としようとしたのがフランスのピエール・ラモン、アンドレ・ヌヴー、米国のジョン・シュワルツで、一九七一年、超弦理論が誕生した。それは時空の次元が26次元とか10次元でないと都合が悪く、この世の4次元とは似ても似つかなかったが、七四年に米谷《よねや》民明、シュワルツとジョエル・シェルクが、超弦理論が重力を理論内に含む可能性を示し、重力の量子化に苦労していた理論家たちの注目を集めることになった。しかし、それを扱う数学は難しいし、計算しているうちに必要な対称性などが壊れてしまう「異常」が起こるなどしてなかなか研究は進まなかった。

イライラの中で、究極の理論の「大革命」

一九八四年、マイケル・グリーンとシュワルツが10次元の超重力理論、超弦理論がつじつまの合ったおかしなことの出ない理論であることを示したのを皮切りに、デビッド・グロスらも閉じた弦でつじつまの合った理論ができるというヘテロティック弦理論を発見、さらにエドワード・ウィッテンらの余剰次元6（＝10－4）次元をカラビ－ヤウ多様体という幾何学でコンパクト化（見えないようにごく小さくしてしまうこと）できることの証明と、「革命」が続いて起こり、「これなら究極の理論として使える」という自信を研究者に持たせた。

その頃、京都大大学院で素粒子論を専攻していた大栗の経験した「大革命」はちょっとイライラしたものだったという。こうした理論は掲載雑誌発行前に関係者に配る仮論文（プレプリント）で知られるのが物理界の常識である。しかし、インターネットのない時代であるからその到着に三か月もかかった。日本にいる研究者は「外国研究者より三か月も情報が遅い」というハンディキャップに悩んだものだった。到着すればむさぼるようにそれを読んで中身をチェックした。特に、フィリップ・キャンデラス、ガリー・ホロヴィッツ、アンドリュー・ストロミンジャー、ウィッテンの四人による超弦のコンパクト化の論文は、基礎物理学研究所の研究会で紹介しているうちに時間がどんどん過ぎ去り、最後には所長室で二十人ほど残った仲間と夜中までじっくり味わい、話しあった。その中に出てくるカラビ－ヤウ多様体という6次元の図形が、ずっと気になった。

カラビ－ヤウ多様体は、カラビ予想という微分幾何学の問題

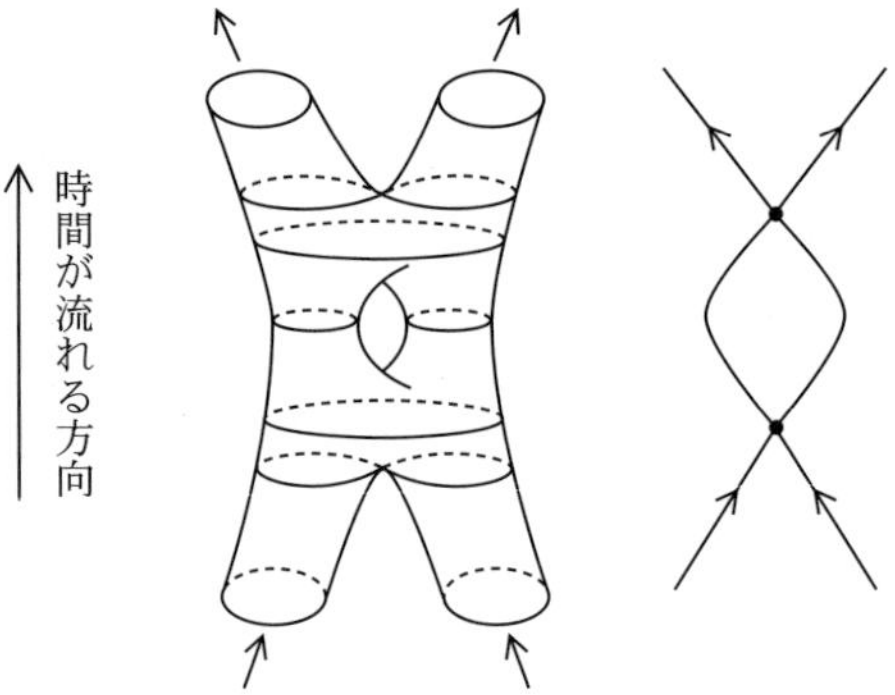

輪ゴムのような閉じた「弦」で素粒子が表される。点状の素粒子なら右のように描ける素粒子の相互作用は、左のズボンが何本も組み合わさったような図形になる。

を数学者ヤウ（丘成桐）が一九七八年に解いた際に持ちだした6次元の空間に存在する図形である（これらの業績でヤウは一九八三年のフィールズ賞を受賞している）。その図形は何種類もあるのだが、それからオイラー数という位相幾何学的に決められる数を計算すると、素粒子論で大問題になっている「世代数」に関係しているということまでウィッテンらは指摘していた。この世界をあらわす最も基本的な「数」まで指定できる基礎理論は理論家の心を惹く。

しかし、超弦理論研究のカギとなっている幾何学は一筋縄で扱えるものではない。大栗は、「強い力の漸近的自由」という現象を理論的に解明し、その後、超弦理論でも貢献しているグロスにこう言われたことを忘れることができない。「距離も測れないような空間を使って、一体何から始めるつもりだ？」。確かに、超弦理論の裏にある幾何学は難しい。しかし大栗は、これこそ我が道、と思ったのである。常に幾何的な見方から離れていないのだ。

この後、大栗は東京大学物理学教室にいた日本を代表する弦理論研究者、江口徹にスカウトされ、修士課程修了と同時に助手となった。博士号をまだ持たない研究者を助手で採るのは物理では珍しいことであった。江口とともに超弦理論の基礎にある共形場理論という数学に挑み、いろいろな面から研究を進め、超対称性も考える超共形代数という数学を用いてK3曲面上にコンパクト化するという理論を作って博士論文とした（この中に出てくる係数がマシュー群M24という有名な有限群の一つの性質を示す数とぴったり合うということが最近わかり、マシュー・ムーンシャイン現象という数学の問題となって注目されている。たまたま大栗のコンピュータの中に持っていた『岩波数学辞典』の数表を見て気がついたというが、「眼力」の良さを示すエピソードである）。助手を二年ほど勤めると米国へ出た。プリンストン高等研究所研究員を勤めた後、素粒子論の巨人、南部陽一郎に見込まれてシカゴ大学助教授に就任と、トントン拍子にポストを得た。

トポロジカルな理論できっかけをつかむ

シカゴにポストを得たとき、大栗はまだ二十七歳。さすがに不慣れな大学の実務には相当苦労したようだった。「日本へ帰ろう」。九〇年、疲れた大栗は南部にすまない気持ちでいっぱいになりながら、京都へ戻った。

そこで、大栗の研究への夢をかなえようと応えたのが、当時、数理解析研究所の所長を勤めていた佐藤幹夫だったという。数論の伊原康隆を招くなど佐藤のユニークな人事の一つであった。当時、隣の基礎物理学研究所や物理学教室には超弦理論の研究者はいたが、数理解析研にはいなかった。佐藤は物理学科を出ていることもあり、周辺への目配りはしていたのだろう。超弦理論についてこんなことをいっている。

「（超弦理論は）数学的にも十分魅力があるし、それが豊かな数学的内容をもっていることが、だんだん理解されてくれば、それは素粒子の統一場理論として成功するかしないかは別として、僕は意味があると思うのです」（別冊数理科学『20世紀の数学』所収「対談・数学の方向」）

一九九〇年、京都で開催された国際数学者会議でのフィールズ賞の受賞者の一人は超弦理論の立役者の一人ウィッテンだった。そのとき、世界を代表する数学者マイケル・アティヤはこんなメッセージを寄せている。「ここ十年、数学と物理が相互作用の注目すべきルネッサンスを迎えている。それは素粒子物理学者たちが扱っている高度に数学的なモデルのためであり、適当な数学的道具を使う必要性のためである。特に、理論がそもそも持つ高度に非線型な本質のために、位相幾何学的なアイデアと方法は大きな役割を担った。……さらに驚くことには、物理から湧きだしたアイデアの多くは純粋数学的な問題について意味深い新しい洞察に導いた」（一九九〇年の国際数学者会議の報告集から）。役立つ数学であると同時に数学に新風をもたらした素粒子理論の刺激を大いに歓迎しているのである。

　九二年、大栗はハーバードで一年間を過ごす機会を得た。やりたいことは「トポロジカルな弦理論」の研究であった。

　トポロジカルな弦理論は、最初は「おもちゃ」であった。一九八八年、ウィッテンは超弦理論のまともな構築がなかなか難しいことから、もっとおおまかな「不変量」を中心とした位相幾何による量子場の理論を作れば、より詳細な理論の指針にならないかと、いろいろなモデルを提唱し始めたのがきっかけとなってできた理論である。トポロジカルとは、長さや面積という図形の計量的な性質ではなく、あいている穴の数（種数）やつながり方、絡み具合といった「連続変形しても変わらない性質」で図形の特徴を調べる位相幾何のことだ。超弦理論でいえば、弦の詳細な運動を調べるのではなく、弦にくっついている6次元の余剰空間から見た弦の相互関係のようなものを調べ、ちょっと「ひねって」（ウィッテンの原文ではtwistである）得られる理論である。6次元のカラビ－ヤウ多様体について大栗はこう言う。「直接には見ることのできない空間の性質の中に自然界の法則が書き込まれている可能性があることを実に美しいと感じました」（大栗『重力とは何か』から）。

九二年から九三年にかけてハーバード大へ出張したときの研究で、大栗はちょうどトポロジカルな弦理論に取り組んでいた、ロシアのミハイル・ベルシャドスキー、イタリアのセルジオ・チェコッティ、イランのカムラン・バッファの三人と協力することができた。彼らのやっている方程式を見た大栗はそれが場の理論では有名な「ワード－高橋恒等式」であることを見ぬいた。穴の数（種数）の大きなものとの関連もありそうと取り組んでみたところ、数日で方針が見つかり、結局トポロジカルな弦理論が実際の計算に役立つということを証明してみせた。四人で作り上げたのは、下のような方程式だった。

著者の頭文字を取ってBCOV方程式と呼ばれるが、これは素粒子の振幅F_gを求める微分方程式なのだが、右辺の種数（g）は左辺のそれよりも値が小さいものばかりで、実は漸化式になっている。だから、gが0、1、2と小さいものから順に計算すれば、原理的にはどんなものでも厳密な答が求まる。代数幾何学を専門とする京大の吉川謙一はこの方程式を部分的だが解くことに成功、日本数学会から二〇〇七年の「幾何学賞」を得ている。

大栗はこれらの仕事でも注目され、数理解析研を退職して一九九四年、カリフォルニア

$$\bar{\partial}_{\bar{i}} F_g = \frac{1}{2} \overline{C}_{\bar{i}\bar{j}\bar{k}} e^{2k} G^{j\bar{j}} G^{k\bar{k}} \left(D_j D_k F_{g-1} + \sum_{r=1}^{g-1} D_j F_r D_k F_{g-r} \right)$$

大学バークレー校の最年少教授となった。しかし、問題があった。ＢＣＯＶ方程式でトポロジカルな弦理論の標準的な計算法を確立したのだが、さて、それで何を計算したらいいのかさっぱりわからなかった。ちょうどそこで起こったのが、ウィッテンによる「第二次超弦理論革命」だった。その先に「計算すべきもの」があった。

第二の革命とブラックホール

一九九五年三月十四日朝、米ロサンゼルスの南カリフォルニア大学で開かれていた年一回の超弦理論国際会議（Strings '95）で、ウィッテンは第二の革命を起こした。それは超弦理論の奥深さをまざまざと見せるものであった。

ウィッテンの講演は、予定されていたのとはまったく違う内容だった。それまで、五つの選択肢があった超弦理論（Ｉ型、ⅡＡ型、ⅡＢ型、SO(32)ヘテロ、$E_8 \times E_8$ヘテロ）を詳しく調べたウィッテンは、これに10次元の超重力理論を加えた六つの理論が、双対性《そうつい》という関係で「クモの網」のようにお互いに結ばれていることを発見した。双対性とは、パラメータを入れ換えると二つの違った存在がお互いに等価であることがわかってしまうという不思議な関係だ。たとえば、こっちで弱い極限で考えていたことがあっちでは強い極限になってしまうということになる。二種類の双対性（Ｔ双対性とＳ双対性）によってすべてがつながり、実は、六つの選択肢の違いを超えて、たった一つの「究極の理論」がこの裏にあるのではないか、というのがウィッテンの主張で、これを彼は

M理論と呼んだ。まだ見えない構造が超弦理論には含まれていたというのである。

さらに十月、ジョセフ・ポルチンスキーは、物理的に重要なのは、弦というより二次元の膜であり、その上には弦の両端が張り付いている「Dブレーン」という対象であるという理論を発表した。それまでも二次元面の理論はあったが、具体的に計算のできる定式化はこれが初めてだった。

そこで、量子論と重力という二つの世界の交点「ブラックホール」が注目された。既存の量子力学と一般相対性理論を究極まで使った英国の理論物理学者スティーヴン・ホーキングは一九七四年、ブラックホールが内部に持つ熱を光や粒子として外に放出する現象「ホーキング放射」の存在を提唱した。それまではブラックホールの中は「全く見えない」と思われていたが、ブラックホールが熱を持ちそれを外に放射するということは、その内部でいろいろな状態を持つ可能性があり、それぞれのブラックホールにそれぞれの個性があるということを表している。それまでの理論では、ブラックホールにどういう状態があるのか、一つ一つ数え上げることはできなかったのである。この可能性を知らされたストロミンジャーとバッファは、すぐにもDブレーン上のゲージ場理論を使ってブラックホールの状態数を計算することに成功した。

一方、BCOV方程式の提唱から十年後の二〇〇三年。カリフォルニア工科大学の教授となっていた大栗は、ニューヨークでのロシア人数学者アンドレイ・オクンコフ（〇六年にフィールズ賞を受賞することになる）の超弦理論に関する講演を聞いた。オクンコフは組合せ論や表現論を駆使して超弦理論とその周辺の数学に切り込んでいる。その講演の中に「トポロジカルな弦理論は状態を数える問題と関係する」ということばがあったという。「それなら、ブラックホールの状態数だって、トポロジカルな弦理論で数えられるかもしれない」と大栗は考え、すでにDブレーンによる計算をしていたストロミンジャー、バッファに共同研究を申し込んだ。

一年の奮闘の後に下図のような式を導くことに成功した。OSV公式と先のBCOV方程式を組み合わせれば、これまで計算できなかった量子ゆらぎの大きなブラックホールでも状態数を求めることができる。この成果はアメリカ物理学会の雑誌に掲載されたのだが、その量子論的構造はグロモフ－ウィッテン不変量に関連し、同時にカラビ－ヤウ多様体＝6次元の幾何学の深い理解にもつながるとして数学者にも非常に注目された論文となった。大栗ら三人は、この成果で二〇〇八年、アメリカ数学会の第一回アイゼンバッド賞を受賞した。

二〇〇八年、大栗は日本数学会の高木レクチャーで講演した。これは大栗と出身高校（岐阜高校）を同じくする大数学者高木貞治を記念して、世界の代表的な数学者に講演をしてもらうと

$$Z_{BH} = \sum_{q} \Omega(p,q)\, e^{-q\cdot\phi}$$

$$\psi_{top}^{(pert.)} = \exp\left[\sum_{g} F_g(X)\right]$$

$$Z_{BH}(p,\phi) = |\psi_{top}(X)|^2$$

ブラックホールの状態数を表す式（Z_{BH}）とトポロジカルな弦理論を使って求めた状態数の式（ψ_{top}）は最下の式で示す関係にある。これがOSV公式だ。$\Omega(p,q)$は磁化p、電荷qのブラックホールの量子状態数、$F_g(x)$は弦の状態を表す振幅、gは種数（穴の数）。大栗の2005年の発表スライドから。

いう企画である。タイトルは「弦理論から見た幾何学」。トポロジカル弦理論とはどういう数学でできているのか、そこからどういう数学が生まれてくるのか、そして、それらが自然の秘密にどう肉薄していくのか……最後のことばでは、講演の中でトポロジカル弦理論と幾何学の関係を示すほかの理論――ドナルドソン－トーマス理論、サイバーグ－ウィッテン理論など――には触れられなかったことを詫びているが、それほど、この物理と数学の関係は広いのだ。講義で大栗はさらにいった。「トポロジカル弦理論は豊かな数学構造を持ち、広い範囲の物理的応用があるが、忘れてはいけないのは、これが超弦理論の簡易版でしかないことだ。超弦理論には広い未踏の地があり、そこを案内する新しい数学が必要なのである」。

超弦理論がこれからどうなるか、まだまだ誰にもわからないだろう。大栗がもう一つ注目しているのは、一九九八年にマルダセナが提唱したAdS／CFT対応、つまり「3次元空間のゲージ場の量子論と9次元空間の超弦理論にはある対応があり、見かけの違いを超えて異なる理論が、実は等価である」という予想である。これで、超弦理論の確実性が上がるかもしれないし、これにはまた新しい数学が必要になるかもしれない。その未来を求めて、多くの研究者が挑んでいるのである。

むすび

二十世紀後半から、数学と物理の蜜月関係はますます進んでいる。フィールズ賞の最近の受賞者のテーマで物理関連、あるいは物理を源としているのは三割近く、というほどだ。注目されている物理のテーマも量子力学や超弦理論だけではない。物質の電気伝導状態などの性質を調べる物性物理(凝縮物性)では位相幾何学的考察が不可欠となっているし、宇宙論・一般相対論でも数学は切り離せない道具である。一方、新しい物理から新しい数学的構造がつぎつぎと生まれ、数学者のチャレンジの源となっている。物理という学問は、自然の究極の成り立ちを知ろうとし、一方、数学はヒトの思考から生まれる徹底的な論理を追求するが、不思議にもその二つには共通点があるということになる。

◉作用素環と荒木不二洋の年表…………………

一九二四年　クーラント、ヒルベルトの『数理物理学の方法』出版。
一九二五年　ハイゼンベルクの行列力学、続いてボルン－ヨルダン、ボルン－ハイゼンベルク－ヨルダンの論文が発表される。
一九二六年　一月、シュレーディンガーの波動力学の論文発表。
　十二月、ディラックの変換理論の論文発表。

……

一九三二年　フォン・ノイマン『量子力学の数学的基礎』出版。
一九三六年　フォン・ノイマンとマレー、作用素環の理論を創始。論文は四三年まで発表。
一九四三年　ソ連のゲルファントとナイマルク、C^*環を導入。
一九四七年　米国のシーガル、C^*環による量子力学の定式化を提唱。
一九五六年　ワイトマン、場の量子論の公理化。
一九五七年　荒木不二洋、京大大学院修士課程を終え、プリンストン大学へ留学。
一九六一年　荒木、代数的場の量子論についてチューリッヒのスイス連邦工科大学で講義。
一九六三年　荒木、代数的場の量子論に現れるのはⅢ型環であることを明らかにする。ウッズとボーズ気体の統計力学への応用を研究。
一九六四年　ハーグとカストラー、局所物理量の理論を確立し、C^*環による場の量子論の定式化を完成。荒木、京大数理解析研の応用解析第二研究部門の教授に就任。
一九六七年　米バトンルージュで作用素環に関する国際会議開催。冨田－竹崎理論の原型がプレプリントで発表される。統計力学におけるKMS境界条件との関連判明。米国のパワーズ、Ⅲ型環が連続無限個あることを発見。

一九六八年　荒木、ウッズ、Ⅲ型環の分類問題に取り組み新たな代数的不変量を構成。この不変量がコンヌの出発点となる。

一九七〇年　竹崎、冨田-竹崎理論の六八年の講義をまとめた講義録を出版。

一九七一年　コンヌがシアトルのサマースクールに参加、竹崎の講義を聴く。

一九七二年　荒木、非可換積分論の構築を開始。

一九七三年　コンヌ、竹崎、Ⅲ型環の構造理論を完成。

荒木、作用素環論の統計力学への応用を展開。

一九七四年　数理解析研で日米セミナー「C^*環と物理学への応用」開催。米国から十三人、日本から二十人、その他から四人と世界の主だった作用素環研究者が集まった。

一九八二年　コンヌ、フィールズ賞を受賞。

一九九〇年　荒木、京都で開催の国際数学者会議で総務幹事を務める。ジョーンズ、フィールズ賞を受賞。

一九九七年　荒木、数理解析研を退職。

◉場の量子論と中西襄の年表……………

一九二九年　ハイゼンベルクとパウリ、場の量子論の基本形を作る。

一九三五年　湯川秀樹、中間子論提唱。

一九四三年～四九年　朝永振一郎、リチャード・ファインマン、ジュリアン・シュウィンガー、量子電磁力学を確立。
一九五五年　中西襄、荒木不二洋らと京都大学大学院の湯川研究室に入る。
一九五五年〜五七年　中西、ファインマン・グラフの位相公式について研究。
一九五八年　中西、赤外発散の研究。
一九六〇年　中西、大学院修了、翌六一年からプリンストン高等研究所へ滞在（〜六三年）。
一九六三年〜六五年　中西、米国ブルックヘブン国立研究所に滞在し、散乱振幅の解析性、ベーテ－サルピーター方程式について研究。
一九六六年　中西、京都大数理解析研究所に赴任。不定計量の場の量子論「中西－ロートラップ形式」を作る。
一九七七年　九後汰一郎と小嶋泉、非可換ゲージ理論の正準量子論を作る。中西、重力の正準量子論に取り組む（八五年までに計二十報執筆）。
一九九七年　中西、京都大数理解析研究所を退職。

◉超弦理論と大栗博司の年表…………

一九七〇年　南部陽一郎、素粒子の弦模型を提唱。
一九七四年　米谷民明、シュワルツとシェルク、弦理論が重力理論を含むことを発見。
一九八四年　グリーンとシュワルツ、I型超弦理論のゲージ対称性を決定。第一次超弦理論革命始まる。プリンストン大学のグロスら四人、ヘテロティック弦理論を発見。ウィッテンら、余剰次元6次元をカラビ－ヤウ空間でコンパクト化。秋、大栗、コンパクト化論文をセミナーで紹介。

一九八五年　吉川圭二ら、超弦理論ⅡA型とⅡB型の関係を示す「T-双対性」を発見。

一九八六年　大栗、京都大学大学院修士課程修了。東京大学理学部助手。

一九八八年　大栗、プリンストン高等研究所研究員。

一九八九年　大栗、シカゴ大学助教授。

一九九〇年　大栗、京都大学数理解析研究所助教授（～九四年）。

一九九二年　大栗、ハーバード大に滞在。バッファ、チェコッティ、ベルシャドスキーと共同研究。

一九九三年　三月、大栗らトポロジカルな弦理論におけるBCOV方程式を提唱。

一九九四年　大栗、カリフォルニア大学バークレイ校教授。

一九九五年　ウィッテン、第二次超弦理論革命。五種類の超弦理論が双対性で関係付けられ、10次元超重力理論の必要性も判明する。M理論を提唱。

ポルチンスキー、Dブレーン理論を提唱。

一九九八年　ファン・マルダセナ、AdS／CFT対応を予想。

二〇〇〇年　大栗、カリフォルニア工科大学教授、〇七年～カブリ冠教授。

二〇〇四年　大栗、ストロミンジャー、バッファとブラックホールの状態数を数えるOSV公式を作る。

二〇〇七年　大栗、東京大学国際高等研究所カブリ数物連携宇宙研究機構（IPMU）主任研究員に就任。

二〇〇八年　大栗、京都大学での高木レクチャー「弦理論から見た幾何学」。

◉参考文献と読書案内……………

- 数理物理の世界で活躍している日本人研究者約五十人のエッセイを集めた荒木不二洋他編『数理物理　私の研究』(丸善出版、二〇一二年)は、この分野のバラエティを示しており、面白い。
- 荒木の仕事は専門的な教科書が多いが、エッセイ集『数学と物理学の接点』(ダイヤモンド社、一九七九年)で、その片鱗が見える。専門的なものとしては『量子場の数理』(岩波書店、一九九三年)、『統計物理の数理』(岩波書店、二〇〇四年)がある。
- 作用素環論の内容と歴史については、日本数学会の雑誌『数学』に、荒木、竹崎正道、中神祥臣《よしおみ》らの論説がある。
- 中西襄の仕事は、京都大数理解析研究所講究録一五二四号(二〇〇六年)に「数理物理学研究回顧」として自らまとめている。専門的な仕事は新物理学シリーズの教科書『場の量子論』(培風館、一九七五年)などがある。そのほか、『日本物理学会誌』に中西による解説がいくつか掲載されている。
- 九後－小嶋形式が作られたときのエピソードは、小嶋泉による「中西襄先生還暦記念シンポジウムを始めるにあたって」(京都大数理解析研究所講究録八六九号、一九九四年)、九後汰一郎による「21世紀の場の理論?」(同)に詳しい。ちなみに九後は「太一」が本名で、「汰一郎」は著書などに使うペンネームである。
- 大栗博司の仕事と超弦理論については、よくできた啓蒙書三部作『重力とは何か』(幻冬舎新書、二〇一二年)、『強い力と弱い力』(同、二〇一三年)、『大栗先生の超弦理論入門』(講談社ブルーバックス、二〇一三年)に詳しい。もう少し高度な解説は『素粒子論のランドスケープ』(数学書房、二〇一二年)を見てほしい。高木レクチャーの記録は『Geometry as seen by string theory』(http:

いことがいろいろ書かれている。

//arxiv.org/abs/0901.1881）である。「大栗博司のブログ」（http://planck.exblog.jp/）にも興味深いことがいろいろ書かれている。

・超弦理論の標準的教科書として日本語で読めるのはジョセフ・ポルチンスキー『ストリング理論』全二巻（丸善出版、二〇一二年）である。

第五章

確率と確率過程の「星」

二〇〇六年、国際数学者会議が新しく設けた「ガウス賞」が九十一歳の伊藤清に与えられた。確率微分方程式論と確率解析の創始という業績に対しての授賞だった。京都市の自宅で伊藤に、同年九月、メダルが同会議総裁ジョン・ボール卿から手渡された。米国やデンマークなど外国の大学での勤務など国際的な活躍をした伊藤だったが、秋月《あきづき》康夫に呼ばれて一九五二年に京都の地を踏んで以来、何度も京大、数理解析研に戻ってきた。彼の心は京都から離れることがなかった。

カール・フリードリッヒ・ガウスといえば、数論、代数学の基礎を固め、電磁気学の法則の確立、天文における軌道計算、あるいは最小二乗法で数学の応用を拡げ、そして非ユークリッド幾何学、楕円関数論、超幾何関数論にいたるまで、時代を越えて数学の基礎と応用の源を創った数学の巨人だ。ガウス賞を制定した国際数学連合は、その目的を「数学外の分野まで応用され大きく影響した数学」を創造した数学者への顕彰としている。確かに、伊藤の創り上げた確率解析は、純粋数学として評価されたばかりではなく、工学、統計力学などの物理学、集団遺伝学などの生物学、さらには数理ファイナンスなど経済・金融分野でも無くてはならない数学理論として、世界的に知られる存在となっていた。しかし、本人は「自分の研究は純粋数学なのだから」と応用、特に経済実務への応用に数学者がかかわることをあまり歓迎していなかった。

役所勤めで画期的な確率研究

伊藤の確率解析に関する最初の論文は、カタカナ漢字混じりのガリ版刷りという今から見れば粗末で非国際的なものであった。一九三四年〜四九年に大阪帝国大学数学教室が発行していた情報誌『全国紙上数学談話会』（大阪大のホームページ http://www.math.sci.osaka-u.ac.jp/shijodanwakai/ ですべてを見ることができる）の一九四二年十一月二十日号に掲載された「Markoff 過程ヲ定メル微分方程式」である。内閣統計局所属の役人勤めの中で得た画期的な成果であった。

確率論という存在とどのようにしてめぐり合ったのだろうか。旧制第八高等学校のころから物理、力学に興味を持っていた伊藤は、一九三六年に東京帝大数学科に入ってからも統計力学に興味を持って勉強していた。その基礎を支える数学に触れているうちに、確率論に親しみを感じるようになった。しかし、当時の日本には、確率論を専門にする数学者は皆無であった。高木貞治の講義で聴く微積分学に比べて、確率論の数学は明確な定義、厳密な体系を欠いており、「十九世紀的叙述」としか伊藤には感じられなかった。

親友の河田敬義《ゆきよし》と丸善洋書売り場でソ連の数学者コルモゴロフの『確率論の基礎概念』（一九三三）に出会ったのは大学一年のときという。そのときは表紙を眺めるのみであった。一九三八年大学を卒業し、役人となって間もない頃、真剣にこの本と向き合う心持ちになった。読んでみると、あいまいだと思っていた「確率変数」という概念が、確率空間上の関数として定義され、測度論の言葉で体系化されていた。「今まで朦朧としていたものが霧が晴れるように明らかになり、これで確率論が現代数学の一分野と言えると確信したのです」と伊藤は綴っている（『確率論と私』所収「確率論と歩いた六十年」から）。

大学卒業と同時に結婚した伊藤は、大学院などアカデミズムの場にいることを自らに許さず、最初は大蔵省、ついで内閣統計局に勤めた。しかし、当時の統計局長川島孝彦

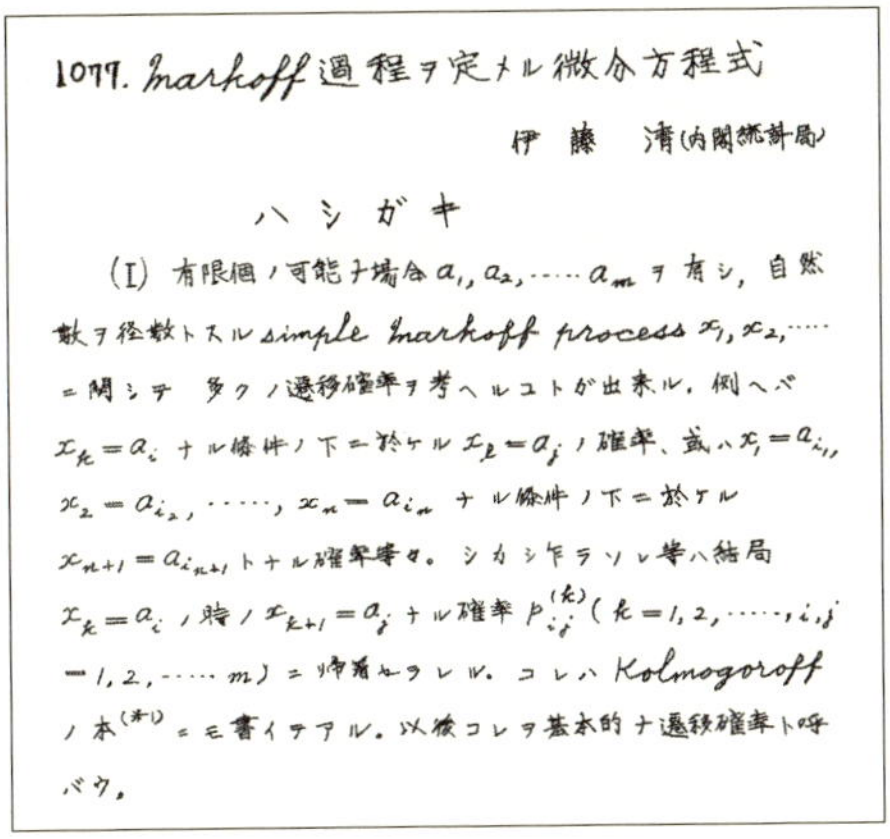

1077. Markoff過程ヲ定メル微分方程式

伊藤　清（内閣統計局）

ハシガキ

(I) 有限個ノ可能ナ場合 $a_1, a_2, \cdots\cdots a_m$ ヲ有シ，自然数ヲ径数トスル simple Markoff process $x_1, x_2, \cdots\cdots$ ニ関シテ多クノ遷移確率ヲ考ヘルコトが出来ル．例ヘバ $x_k = a_i$ ナル條件ノ下ニ於ケル $x_l = a_j$ ノ確率、或ハ $x_1 = a_{i_1}, x_2 = a_{i_2}, \cdots\cdots, x_n = a_{i_n}$ ナル條件ノ下ニ於ケル $x_{n+1} = a_{i_{n+1}}$ トナル確率等々。シカシ乍ラソレ等ハ結局 $x_k = a_i$ ノ時ノ $x_{k+1} = a_j$ ナル確率 $p_{ij}^{(k)}$ $(k = 1, 2, \cdots\cdots, i, j = 1, 2, \cdots\cdots m)$ ニ帰着セラレル。コレハ Kolmogoroff ノ本(注1)ニモ書イテアル。以後コレヲ基本的ナ遷移確率ト呼バウ。

1942年論文の冒頭（『全国紙上数学談話会』から）

には、伊藤を東大の研究嘱託として扱い自由な研究に没入させることを許す懐の深さがあった。「大きい意味で、統計局の仕事につながりがあるといえる」といわれたという。恩師の彌永昌吉からの口添えがあったのかもしれない（伊藤の学年は彌永《いやなが》が初めて教えたクラスで、同級生は河田のほか、小平邦彦、古屋茂など優秀な人材が多かった）。折よく、フランスの数学者ポール・レヴィによる『独立確率変数の和の理論』も手に入り、これを読んで同年十一月、感動とともに確率過程の研究に歩み出たのであった。

伊藤が興味を持った「確率過程」とはなんだろう？

コルモゴロフの本によって、公理から始めて測度論を用いて確率を定式化した現代数学的な確率論を学んだ伊藤は、それだけでは飽き足りなさを感じた。投げたボールの運動がニュートンの運動方程式で追えるように、偶然的な現象を追うことがしたかった。それこそ、確率的事象が次々に起こる「確率過程」であり、レヴィの本はそれについて書かれていた。確率過程の世界にはその事象の起こり方によって、ウィーナー過程、ポアソン過程、独立増分過程（加法過程、レヴィ過程ともいう）といろいろな名称の具体的な問題があった。しかし、レヴィの書き方はコルモゴロフのような厳密・明解なものではなく、直感的に過ぎ理解しにくかった。「コルモゴロフのように、レヴィの理論を理解したい」。そのためには、レヴィの内容を自らコルモゴロフ流に書き直すしかなかった。そこから伊藤の独創が生まれた。相談相手は、親友の河田しかいなかった。

内閣統計局にいた五年間の間に、次々と独自の論文を発表した。まず、レヴィの研究を米国の数学者ドゥーブの視点から見て厳密化し、よく知られた基本的な過程の重ね合わせに表現する「レヴィ‐伊藤分解」を示した。それに関して英文論文を書いて博士論文とした。さらに伊藤は、コルモゴロフが考えていた「未来の状態は今の状態のみに依存する」という確率過程＝マルコフ過程について研究を進めた。その途上で、確率積分の考え方を確立し、それをもとに「ノイズによる偶然現象」を解明することのできる確率微分方程式を導くことに成功した。これこそ、後に「イトー・カルキュラス（伊藤解析）」と呼ばれる独自の成果であった。

それは決定論的な世界に「ニュートンの運動方程式」があるように、非決定論の世界の「基本」を創ったことにほかならなかった。それには時間的にどう変化していくかという微分方程式を作らなければならない。$X(t)$ が位置をあらわすとすれば、決定論なら $dX(t)=a_t dt$ でいいのだが、不規則運動では平均がゼロになる偶然項 $dB(t)$ に比例する項が加わり $dX(t)=a_t dt+b_t dB(t)$ になる、というのが伊藤の基本アイデアであった。

この式の意味がきちんと決まるためには、確率を含む積分 $\int_0^t b_s dB(s)$ が定義されなければいけない。ここが伊藤の工夫のしどころであった。後に伊藤積分と呼ばれる明確な定義にたどり着く。その結果、ブラウン運動といった確率的な変化を考えねばならない偶然現象がかかわる問題で、通常の微積分と同じような計算を可能とした

伊藤の公式（伊藤過程 $X(t)=X(0)+\int_0^t a_s ds+\int_0^t b_s dB(s)$ の場合）
f を2階連続微分可能な関数とし、$Y(t)=f(X(t))$ とするとき

$$Y(t)=Y(0)+\int_0^t f'(X(s))a_s ds+\int_0^t f'(X(s))b_s dB(s)$$
$$+\frac{1}{2}\int_0^t f''(X(s))b_s^2 ds$$

「伊藤の公式」が導き出された。

これが伊藤解析＝イトー・カルキュラスの出発点であった。

この四十九ページにもなった大論文が、先ほど紹介したガリ版刷りの「Markoff過程ヲ定メル微分方程式」である。確率論を専攻している人間は周辺にはほとんどおらず、まして太平洋戦争勃発後の混乱時代であり、国内からの反応はほぼなかった。戦後、この論文を徴兵された中国で歩哨で一人になったときなどに毛布の下に隠しながら読んだという丸山儀四郎（後に九州大、東大などの教授を勤めた）の話を聞いた伊藤は「二人だけが、当時の日本で、この問題に興味を持つ確率論研究者だった」と書いている。この論文の英訳が米国数学会の専門誌に掲載されたのは、ずっと後の、戦後の一九五一年であった。この理論がどのように世界に普及するのか、それはあとで触れよう。

一九四三年、伊藤は前年に新設された名古屋大学理学部数学教室の助教授となった。教室のメンバーは黒田成勝《しげかつ》、能代《のしろ》清、吉田耕作、中山正《ただし》と、その後の日本数学を背負う面々であったが、最年長の黒田成勝でさえ三十八歳の若さで、日本でもっとも若い数学研究者の集まりであった。平時であれば、相当の業績をあげたはずだ。しかし、激しくなるばかりの戦争は、研究も教育もほとんど破壊していた。黒田でさえ、四四年に応召され中国戦線へ送られたのである。伊藤にとっては、吉田の函数解析研究、特に吉田－ヒレの線形作用素の半群理論の確立が進むのが楽しみだった。伊藤のマルコフ過程理論とも密接な関係があったのだという。一方で、自らの確率論に関する教科書の執筆にも伊藤は力を注いだ。今も読まれる『確率論の基礎』（一九四四年）、重厚な『確率論』（一九五三年、いずれも岩波書店発行）は名古屋で書いたものであった。

大学、研究所、海外流出、そして帰還

戦後の五二年、京都大学理学部数学教室へ移った。京大数学の刷新計画を建てた秋月康夫に呼ばれたのであった。同じ名古屋からは可換環論の永田雅宜《まさよし》も呼ばれていた。確率論は秋月の専門とは近くないが、秋月は自分の専門以外の人事にも積極的に発言していた。論文の有無にはこだわらず、大きな問題に挑むチャレンジ精神の旺盛な若手を求めていたというが、伊藤は論文も十分な上にそういう精神でも秋月の「目にかなった」というわけだった。伊藤も、秋月の先見の明には感心したのであった。

五四年から二年間、伊藤は米国のプリンストン高等研究所に特別研究員として滞在した。そこには、確率論の権威であり大著『確率論とその応用』の著者として有名なウィリアム・フェラーがいた。伊藤は、その大学院生ヘンリー・マッキーンと親しくなった。彼はフェラーのテーマの一つである一次元拡散過程＝直線の上を粒子がランダムな運動をする場合の一般理論＝について研究していたが、それは伊藤の興味と重なるところがあり、共同研究を始めた。それは伊藤が日本へ帰っても続いた。五七年、マッキーンは京都に滞在、伊藤と一次元拡散過程の共著を書こうとしていた。マッキーンは下鴨の家から毎日十時前に京大数学教室に来ては夕方五時に帰宅するという生活を繰り返した（『伊藤清の数学』所収の池田信行「時代を先駆ける数学者　伊藤清」）。伊藤に式だけ書

いた原稿を渡すと、伊藤が説明文を加えてマッキーンに返す。さらにマッキーンが筆を入れて最終原稿に、という手順が続いたらしい。しかし完成まではまだまだ時間がかかるのである。ちょうどそのころ、数理解析研究所の設立が決まる。

　第〇章で触れたように、数理解析研の設立に関連しては、戦前から存在する文部省管轄の統計数理研究所との調整が必須であった。このときの統数研所長、末綱恕一は、研究所の創設にも関わり戦後すぐに東大と兼任で所長を勤め、戦前に確率論の教科書を書いたこともあって、思い入れは尋常ではない。数回の交渉を経て「確率・統計に関係のある研究部門」は除いて、数理解析研を作る案に落ち着いていた。しかし、設立後にどういう経緯があったのか、理学部を本務とし数理解析研を併任していた伊藤は一九六五年、設立三年目に設置された二研究部門の一つである応用解析Ⅱに正式に移った。理学部ではしばらく教授の空席が続いた。伊藤がよほど研究所に魅力を感じていたのかもしれない。

　この時代は、伊藤の最も多忙なときだったろう。マッキーンとの本を仕上げなければならなかった。さらに、研究集会の代表者も務めねばならず、二回にわたり「定常状態とエルゴード理論」をテーマに開催した。しかし伊藤は、一年半ほど在籍しただけでデンマーク・オルフス大学から呼ばれ、数理解析研を去った。さらにその後も六九年からコーネル大学の教授を勤め、七五年まで日本には戻らなかったのである。この間、数理解析研には測度論の山崎泰郎《やまさきやすお》、エルゴード理論の十《と》時東《ときはる》生《お》しかおらず、確率に関する共同研究はあっても確率論の専任がいなかったのは寂しかった。

一九七五年、伊藤は数理解析研に戻り、翌年には所長になった。研究活動よりも所長業務のほうが忙しかったに違いない。しかし、所長時代にはこんなエピソードもあった。

ハーバード大にいた広中平祐に「戻って来て数理解析研の教授にならないか」と声をかけたのは、伊藤であった。広中は、伊藤のガウス賞伝達式で、当時、こんな問答が二人の間にあったというエピソードを紹介している。

伊藤「空席があるのは非線型問題なんだ」。広中「私は代数幾何とか代数、可換環論ばかりをやってきた。偏微分とか使わないし、いつも完全に自然で、単純な対象しか扱ったことがない」。伊藤「心配いらない。代数幾何でも多項式は使うでしょう。線型多項式だけってことはない。つまり非線型も使う。だから大丈夫」。というわけで、広中は、非線型問題部門の教授となった。ちなみに同部門の助教授は代数解析の河合隆裕《たかひろ》、助手は数理物理の神保道夫で、代数幾何にはあまり関係はない。これも数理研的な「融通無碍の人事」であった。

一九七九年、伊藤は数理解析研を退職した。その後はしばらく確率

伊藤清
(2006年、ガウス賞受賞時。
S. A. Sorensen 撮影)

論の専任は不在だったが、八七年に着任した楠岡成雄《しげお》は、フランスのマリアヴァンが大域的微分幾何の手法を取り入れた確率解析の方法「マリアヴァン解析」を使って無限次元の解析という面を掘り下げ、発展させて、より精密にファイナンスの具体的計算ができる方法「楠岡近似」を開発するなど基礎と応用の両面で活躍した。その後も数理解析研では、より広い立場で確率論へ挑戦する研究が続いている。

「金融工学」が世界に広めた伊藤理論

時をやや戻そう。第二次大戦後、確率論について伊藤のあとを追って学ぶ人が出てくる。池田信行、飛田《ひだ》武幸、西尾真喜子、渡辺信三、国田寛、福島正俊、田中洋らである。九年の時を隔てて、一九五一年にアメリカ数学会の雑誌に論文「Markoff 過程ヲ定メル微分方程式」の英訳「On stochastic differential equations」がやっと出た。さらに、この論文の発表に力のあった確率論研究者ジョセフ・ドゥーブが伊藤理論を紹介。この後、五〇年代にソ連の学者の一部が興味を持ち、六〇年代初めに北朝鮮で解説書が出ている。このころ伊藤自身は、一次元拡散過程の理論的確立に熱を入れていたが、彼が育てた「伊藤スクール」の活躍が目覚ましかった。六七年にはドゥーブらによる「マルチンゲール」（公平な賭けの問題から発想した確率過程の性質）の理論から渡辺信三、国田寛が確率積分の定義を一般化し、フランスでも同じ方向の研究が進んだ。

伊藤解析を使うのは伊藤の業績をよく知っている専門的な確率論研究者に限られ、偶然現象を扱う他分野の研究者に国際的に知られ活用されるようになるにはまだ早かった。やっと六九年に盟友マッキーンが、『確率積分（Stochastic Integrals）』と題する小さな教科書を書いた。実はこの本が、伊藤解析を世界一般の研究者に知らせるカギとなった。

伊藤理論がさらに世界に広がるきっかけは、金融業界の動きである。有価証券そのものではなく、将来の特定の期日に予め決まった価格で証券を買い付け・売り付けする「権利」を売買する「オプション取引」で、その「権利」の価格を、今どう付けるべきかが業界でさんざん議論されていたのである。市場はいろいろな要素で毎日「ランダム」な動きをする。それをすべて合算して将来の「権利」の値段をどう計算したらいいのか、これが問題であった。

実はこの問題は、古くは十七世紀オランダのチューリップの取引でも存在し、米国でも十八世紀からあった。これは、天候や災害から来る未来の不確実性のリスクをなるべく避けようとするための商売の知恵であった。

解決の道も以前から探られている。一九〇〇年にフランスの数学者ルイ・バシュリエが「投機の理論」という博士論文でブラウン運動類似の考え方を使って数学的にこの問題を解こうとした。指導したアンリ・ポアンカレは「論文のテーマは博士号を目指す人が扱う分野からややかけ離れているように思える」と評したという。しかし、あとから見れば、市場変動の幅が考慮する時間の長さの平方根に比例することを予測するなど、見事な結果を残していた。彼を追う研究はずっと存在せず、ようやく五〇年代、六〇年代になって、ノーベル経済学賞を得たポール・サムエルソンなどの経済学者がこの問題に取り組んだ。

難問を最終的に解いたのが、物理と応用数学を専攻し証券実務に入ったフィッシャー・ブラック（当時経営コンサルティング会社に勤務）と、経済学専攻のマイロン・ショールズ（当時マサチューセッツ工科大）、応用数学から経済学に転じたロバート・マートン（当時マサチューセッツ工科大）という三人の経済と市場の専門家だった。彼らが持った解決へのカギは、まさに伊藤の数学であった。

市場における「ノイズ」の重要性、ランダムな価格の動きの重要性を認識していたブラックとショールズは一九七三年、『ジャーナル・オブ・ポリティカル・エコノミー』という専門雑誌に「オプションの価格付けと企業負債」という論文を発表した。ここでいわゆるオプションの価格を計算するブラック－ショールズ式を導き出している。ここで、二人は連続的な確率事象を扱う確率解析としてマッキーンの教科書『確率積分』を参考にして計算している。論文中に「伊藤」の文字はないのだが……。

ブラック、ショールズの二人と成果を交換し合いよい「ライバル関係」にあったマートンも、同じ年に『ベル・ジャーナル・オブ・エコノミクス・アンド・マネージメント・サイエンス』という専門雑誌に「合理的なオプションの価格付けの理論」という論文を発表、より汎用的な前提からブラックとショールズの論文と同じ式を導いてみせた。こちらはブラックとショールズの論文よりも「定義―定理―その証明」という形式が続く厳密な数学的な論文であった。こちらの論文中には、確かに「伊藤型の確率微分方程式」や「伊藤過程」という表現が登場、伊藤解析を十分に勉強していたことをうかがわせる。マートンは一九六九年、市場の時間的変化に興味を持って以来、伊藤の数学に目をつけてきた。しかし、当時その数学を耳にしていた経済学者はいなかった。マートンは、後に伊藤の数学について「連続時間モデルの数学には、確率論と最適化理論の最も美しい応用が含まれている。しかし、もちろん、科学的に美しいもののすべてが実用的であるべきだとは言えない。それとまた、科学では実用的なものがすべて美しいわけではない。だが、ここにはその両方がある」（ピーター・バーンスタイン『証券投資の思想革命』第十一章から）と述べているのだ。

ちょうど、七三年にはシカゴに「オプション取引市場」が開設されている。役に立つものに対して経済実務の人々の吸収は速い。半年もたたないうちに、ブラック－ショールズ式は、テキサス・インスツルメンツ社の電卓にも装備され、だれでもすぐにオプション取引の価格設定が計算できるようになって、だれもがその名を知るようになった。それは下のような式である。

さらに経済・金融系の大学では、確率解析に基づく「数理ファイナンス」という学問分野が成立した。経営コンサルティング会社に勤めていたブラックはシカゴ大学、MＩＴの教授となった。ブラックは、一九八四年ゴールドマン・サックスに移り、ト

$$c = S_0 e^{-dT} N(d_1) - K e^{-rT} N(d_2)$$

$$d_1 = \frac{\ln(S_0/K) + (r + \sigma^2/2)T}{\sigma\sqrt{T}}, \qquad d_2 = d_1 - \sigma\sqrt{T}$$

c：求めるべきオプションの評価、$N(x)$：標準正規分布の累積密度関数、S_0：評価時の株価、K：権利行使価格、r：安全資産利子率、σ：株価変動率、T：満期までの期間

レーディング戦略の開発に従事することとなったが、九五年にガンで死亡した。このため、一九九七年、この業績でショールズとマートンの二人がノーベル経済学賞を受賞した。これで、ブラック－ショールズ式を支えていた「伊藤解析」も、俗な表現をすれば、いわばノーベル賞を受けた「数学」ともいえる評価を得たことになり、その知名度は嫌が上にも上昇したのである。

しかし、翌九八年、ショールズとマートンが経営陣に参加していた巨大ヘッジファンドＬＴＣＭ＝ロング・ターム・キャピタル・マネジメント社＝（もちろん、金融工学的な手法を駆使して莫大な利益を過去に得ていた）が空前の損失を出して破綻した。もちろん、国際金融市場でのいろいろな条件があって、そういう出来事が起こったのだが、それをきっかけとして金融工学的な手法というものへ社会から懐疑の目が向けられたことも確かであった。

伊藤の不安

伊藤の確率解析の理論は、道具として金融工学で使われた。もともと純粋数学の産物である道具には何も問題はない。しかし、伊藤はその「生みの親」として、予想しなかった使われ方に対し不安を表明していた。一九九八年十一月、京都賞受賞時の講演「確率論と歩いた六十年」（『確率論と私』所収）で、自らの理論を作ってきた道筋を紹介した後、こう訴えたのである。

「……私の数学の論文という『楽譜』から、私の予想しなかった響きを聞き取って、新しい発想を加え、……作曲や演奏をされる研究者が増えてきました。……私の望外の喜びでした。しかし、それも、全てが有機的につながっている『科学の世界』の『楽譜』である限りにおいてであって、私が想像もしなかった『金融の世界』において『伊藤理論が使われることが常識化した』という報せを受けたときには、喜びより、むしろ大きな不安に捉えられました」

伊藤とその家族は、株やデリバティブから定期預金の利息にいたるまでほとんど関心のない「非金融国民」だ、と伊藤はいう。経済振興を大きな目的とするこの実世界で、「伊藤理論」がその道標に使われると聞いて、安心できなくなった。さらに数学科の優秀な学生の進路が経済戦争の戦士になると聞いたのである。自分の好きなことを時間の制限もなくできるのを理想としてきた伊藤にすれば、数学者の卵であったはずの若者が、金融の現場で時間に追われ、必死に頭と手を動かして巨万の富を目指す姿が悲しいものに見えたのだろう。講演でこう続ける。

「私は……、ここで『経済戦争』にも反対したいことを付け加えたいと思います……『経済』の一部である『金融』から、更に派生したに過ぎない商品や、そのディーラーの名のもとに行われる戦争を一刻もはやく終わらせて、有為の若者たちを故郷の数学教室に帰していただきたいと思うのは妄想でしょうか」

数学者の作品「数学」は、作り終えてしまえばその生みの親の手を離れ、自由に世の中に羽ばたいていく。それがどう使われるかは、決して作者の自由になるはずもないのだが、この伊藤の言葉には、数学者としての現世に対する鋭い警告が見えるように思う。

◉参考文献と読書案内……………………

- 伊藤清の業績については、邦文論文や解説などをまとめた高橋陽一郎編『伊藤清の数学』（日本評論社、二〇一一年）に詳しい。この中の池田信行による「時代を先駆ける数学者　伊藤清」は詳細な伊藤の評伝である。
- 伊藤の考えなどについてはエッセイ集『確率論と私』（伊藤、岩波書店、二〇一〇年）を見てほしい。京都賞授賞式の講演「確率論と歩いた六十年」は興味深い。
- 伊藤の確率論、確率過程論の教科書として『確率論の基礎』『確率過程』『確率論』（いずれも岩波書店）がある。
- 経済学への伊藤の仕事の影響などについてはピーター・バーンスタイン『証券投資の思想革命』（東洋経済新報社、二〇〇六年）、ペリー・メーリング『金融工学者　フィッシャー・ブラック』（日経ＢＰ社、二〇〇六年）、ロジャー・ローウェンスタイン『最強ヘッジファンドＬＴＣＭの興亡』（日経ビジネス文庫、二〇〇五年）を参考にした。
- ガウス賞伝達式の様子は日本数学会のビデオ・アーカイブ（http://mathsoc.jp/videos/2006gauss_prize.html）で見ることができる。伊藤の嬉しそうな表情が微笑ましい。

第六章

応用の「花畑」から

歴史をひもとくと、数学の誕生のきっかけは生活とつよくむすびついていることが多い。古代のバビロニアやエジプトで幾何学が発祥したのは土地の管理の必要性からであった。ニュートンの微積分学の発明は力学構築の必要性があったからであるし、確率論を生んだパスカルとフェルマーのやりとりは中断した賭けにおける賭け金の分配が目的だった。もちろん、そこからディオファントスの不定方程式論やオイラーの無限解析などの純粋に数学を追い求める方向も出てくる。そんなふうに、応用と基礎がお互いにやりとりするところから新しい世界が生まれるのは、実は、今も変わらない。数理解析研究所に育った応用の世界をいくつか紹介しよう。

第一景―Kyoto Common Lispを作ったつわ者たち

これは「設計図」だけでKyoto Common Lispという大きな「建物」を独力で完成させ、世界を驚かせたソフトウェア科学者たちの話である。

一九八三年五月二十三日、数理解析研究所創立二十周年を祝う記念講演会にスタンフォード大学のジョン・マッカーシーの姿があった。マッカーシーといえば、あの伝説的なダートマス会議（一九五六年夏、米国ニューハンプシャー州ダートマスで十人のコンピュータ科学者を集めて開かれた）で、世界ではじめて「人工知能」ということばを提唱したその人である。彼は、人工知能の実現のために、一つのプログラム言語を創始していた。

Ｌｉｓｐ（リスプ）と名付けられたその言語は、ものが並んだリスト（$a_1, a_2, a_3, a_4, \ldots\ldots$）という形のデータを扱い、それらを組み合わせて新しいリストを作ったり、あるリストから特定のものを抜き出したりということが自由にできる、他の計算用の言語と比べるとちょっと変わったものだった。その名の起こりはList Processorである。これは一九五〇年代終わり、当時マサチューセッツ工科大学にいたマッカーシーたちが開発したのだが、使い方次第で複雑な情報を簡単かつ効率的に扱えるという特性を目指していた。プログラムといえば「具体的な数値を計算・やりとりするもの」という常識の中で、Ｌｉｓｐがもっとも得意とする分野は、いわゆる人工知能の他に、$ax+b$

のような数式や記号をそのまま扱って式変形や文字計算ができる数式処理システム、数学などの定理を自動的に証明するシステム、ある言語から別の言語への機械翻訳システムなど、計算機科学の最前線といえる分野だった。

マッカーシーが数理解析研を訪れた当時、Ｌｉｓｐの歴史はすでに二十年を越え、世界のいろいろな場所のいろいろなコンピュータでＬｉｓｐが動いていた。一九七〇年代なかばからそれぞれの研究施設で、Ｌｉｓｐに関して言語の改良やコンピュータ・ＯＳに合わせた改造などが行われるうち、同じプログラミング言語で作ったはずのソフトウェアの互換性が問題になってきていた。つまりあちらのコンピュータαで使われているＬｉｓｐ１で動くＡというソフトウェアは、こちらのコンピュータβ上のＬｉｓｐ２では動かないことがしょっちゅう起こっていたのである。これでは国や施設の枠を超えた研究は難しくなる。Ｌｉｓｐ１には備えられていてよく使われる機能がＬｉｓｐ３では装備されていなくて使えないということも起こった。

そこで、一九八〇年、Ｌｉｓｐの開発者、研究者、ユーザーらを集めて国際Ｌｉｓｐ会議が開かれ、どんなコンピュータの上でも使える標準的なＬｉｓｐを作ろうということが決まった。翌年からＬｉｓｐを研究し使っているいろいろな施設から人が集まり、作業が始まった。基本方針は八二年までに決まり、仕様の大筋も固まった。その理想のＬｉｓｐはCommon Lispと名付けられた。

マッカーシーが創立二十周年の数理解析研を訪れていたのはちょうどその頃だった。その研究所にはどこでもだれでも使えるＬｉｓｐが欲しいな、と思っていた人間が何人もいた。その一人が、前年から研究所附属数理応用プログラミング施設の助手を勤めていた湯《ゆ》浅《あさ》太《たい》一《いち》であった。

自分たちで作ろう

実はちょうど、それまで使っていたミニコン（ミニ・コンピュータ。全施設で共同利用するようなメイン・フレームに対して、六〇年代中頃から出始めた各研究室レベルで使える小さなコンピュータをミニコンと呼んだ）をデータゼネラル社のEclipse/MVという機種に取り換える計画が八四年一月に実施されることになっていた。前のミニコンDECSystem2020にはその上で動くLispがいくつもあり、大いに計算機科学研究の役に立っていたのだが、新しいミニコンには使えるLispがなかった（あっても実際の利用に堪《た》えなかった）のである。どうするか。当時の大学での答は「自分で作ろう」であった。それは湯浅がいいだしたのだが、計算機構研究部門の助手である萩谷《はぎや》昌己《まさみ》がそれまでにLisp処理系の制作経験があったという事実も大きな理由だった。

「二人して力を合わせればなんとかなると考えたからです」（「岩波

湯浅太一
（写真本人提供）

講座ソフトウェア科学」月報5（一九八八）所収「KCLの話」）と湯浅は書くが、無謀といえば無謀である。細かい言語の仕様はどうするのか、MVというコンピュータの特性はわかっているのか、たった一年でできるのか……日本データゼネラル社からの助っ人二人も加えての手作りプロジェクトが始まった。

Lispの生みの親マッカーシーによる米国の情報を、中島玲二（当時・附属数理応用プログラミング施設助教授）から聞いた湯浅は喜んだ。彼は、LispについてのCommon Lispの設計が進み、その全体像と細部を決めている仕様書の原案もできていると話していたからだ。それまでは、いろいろな施設で使っているLispのうちからどれかを選んで基本に据えようと思っていた湯浅は、「これだ」と思ったのである。「われわれの研究所は人材的にあまり恵まれていませんでして、自分でいいLispをデザインするほどの時間的、人材的余裕が全然なかった」（湯浅ら「パネル討論会Common Lisp」『情報処理』二七巻一号所収、一九八六年）。世界的な標準仕様に基づいているとなれば、違う施設の違うコンピュータ・OSでのプログラムの互換性の問題も解決できるだろうと思った。しかし、問題はあった。言語の仕様はできていても、実際のコンピュータ上で動くプログラミング言語処理系としてのCommon Lispはまだ存在していなかった。設計図はあっても「建物」はまだだれも建てていなかったのである。

正式な仕様書もまだ公開されていなかった（公式に発行されるのは一九八四年夏である）。数理解析研のコンピュータの交換に間に合わせるなら公開を待ってはいられないので、二人はあちこち手を回しては仕様書の原案を手に入れようと努力した。「もしかすると、とてもおおざっぱなもので、実際の制作には役立たないかも……」という不安もあった。実際のプログラムがなければわからないマニュアルというのもよくあったのである。しばらくして、米国データゼネラル社を通じて原案（一九八二年十一月版）*が手に入った。「これなら作れる」。仕様書の原案を見た湯浅たちは安心した。かなり厳密に細かく言語の仕様が書いてあったのだ。まだ未完成部分もあったが、これを参照するだけで、実際にコンピュータの上で動くＬｉｓｐが作れる、と湯浅たちは確信した。

他のＬｉｓｐ処理系の作り方を調べたり、Ｌｉｓｐ関係の論文を読んだりしているうちに夏になった。八月には日本データゼネラル社からの二人が研究所にやってきて、仲間は四人になった。九月にはＬｉｓｐ製作のためのミニコン Eclipse/MV が研究所にやってきた……。

世界を驚かせた

数理解析研究所でプログラミング言語を作ろうという湯浅たちのもっとも重要な合意事項は「どんなコンピュータの上でも動く処理系を作ろう」というものであった。もちろん、右から左に動くわけではないのだが、異なるコンピュータの上で動かすための調整作業（移植作業）がとにかく簡単になるように努力を重ねることにしたのである。そのために、処理系そのもののプログラミングには、だれでも知っていて高速なプログラムが作れるC言語も使うことにした。プログラムを作る効率はあまりよくないというが、それでもいい。だれでもどこでもいつでも無償で使えるソフトウェアというのが彼らの目的であった。

Ｌｉｓｐプロジェクト用ミニコンが研究所に来てからの進捗は速かった。プログラムで使うメモリを管理するプログラムを萩谷が書き、プログラムを解釈して実行する「インタープリタ」を湯浅が担当した。「毎日ソファに寝そべってインタープリタの構想を練っていた私が、メモリ管理部分の一応の完成を見るとすぐインタープリタの作成にとりかかりました」と湯浅は書いている。参考にするのは、言語の設計図である「仕様書」だけである。それには細かい構造や作り方などは書かれていない。「こういう引数を持つこういう働きをするこういう名前の関数がある」などそういうことしかわからない。その設計事項を具体的に動くプログラムにするには、大変な力が必要なはずだが、湯浅と萩谷はそれを軽々とやってのける「ハッカー」的才能を持っていた。Common Lisp仕様書作成の中心となったカーネギー・メロン大学のガイ・スティール・ジュニアも相当なハッカーだったというから、「同じ穴の……」だったのか。助っ人の二人はミニコンに直接関係する部分やプログラムを書く道具「エディタ」などを作って手伝った。十月下旬には、もう「処理系らしき

＊ Laser Edition（レーザー版）という。一貫した（コヒーレント）内容となっていたからこの名がついたという。「コヒーレント」はレーザーの作る位相の揃った光の性質を表す言葉。次の一九八三年十一月版はMary Poppins Edition（メリー・ポピンズ版）で、「なんでもできるお手伝いさん」にかけた。レーザー版の前は、（穴だらけの）スイスチーズ版、コランダー（ざる）版があったという。

もの」が動き始めたという。作業が始まってわずか二か月！

インタープリタの作業が終わると、今度はLｉｓｐプログラムを翻訳して最終的にコンピュータが実行できる機械語プログラムにする役目のコンパイラの制作である。十一月になると湯淺は再度ソファに寝そべって構想にふける生活を始めた。ちょうどそのころ、仕様書原案の改訂版（メリー・ポピンズ版）が手に入った。未完成だった部分は埋まっていたが、以前のものと比べてみると、仕様がいろいろ違ってきたところがある。今まで作ったプログラムを放っておけば、後々に齟齬を生じるのは必定だ。未完成の仕様書から始めたのだから、こういう自体になる可能性があったのはしかたがないとはいえ、二人は今まで作ったプログラムを見直し、こつこつ修正し続けた。

湯淺はコンパイラをC言語ではなくLｉｓｐで書いている。ちょっと変わったことをしたのは、そのコンパイラが生成する「プログラム（オブジェクトコード）」がC言語で出てくるということだった。もっともよく使われるOS、UNIXとともに作られ発達したC言語にはいろいろなコンピュータ・OSに最適化されたシステムがたくさんある。そこに難しい部分を任せてしまうという戦略だった。開発期間を短くし、移植性を高くしようという方針を活かすための知恵だった。

しかし、いろいろハプニングは起こる。十二月、湯淺は他の仕事も含めての徹夜作業が連続し、疲れ果てて、コンパイラ作業は中断してしまう。残りの三人はまだできていない機能をひとつひとつ細々と作っていった。年内完成、ミニコン稼働に合わせて一月に公開はちょっと無理になった。三月、一月、湯淺はコンパイラ制作を再開したものの、二月にはまた作業の過負荷からぶっ倒れた。三月、ようやくコンパイラ完成にこぎつけた。湯淺抜きの三人のその間の努力は「全機能実装完了」で証明された。「まさにケガの功名でした」と湯淺。わずか半年余の突貫工事であったが、三月にとにかく動くＬｉｓｐ処理系は完成した。

処理系の一応の完成で、助っ人は解放となった。新Ｌｉｓｐ処理系には「Kyoto Common Lisp」の名が与えられた。略称「ＫＣＬ」である。残った二人で細々とした調整を行い、性能を向上させ、マニュアルを作った。六月には研究所の中だけでなく外のユーザーにも使えるようになった。その後も二人はコツコツと修正をつづけたのである。

ＫＣＬは、二人の熱心な「移植作業」で日本のあちこちに普及、さらにユーザーは米国、カナダ、英国、インド、韓国、中国でも多数出現した。「仕様書を読んだだけでこんな巨大なシステムを作った⁉」。驚く計算機科学者は多かったという。Common Lisp の処理系がまだ存在しなかった世界では、二人の「無謀な開発」に仰天したのだ。

旅烏の移植旅

ソフトの配布は今なら、ネットワークに乗せれば簡単に実行できる。しかし、日本で大学のコンピュータどうしが回線で結ばれたのは一九八四年九月（村井純が慶応大と東工大を電話回線でつないだ。いわゆる Junet ができるきっかけ）。コンピュータ・ネットワークというにはまだまださ さやかなものに過ぎなかった。湯淺らの移植作業は、ネットワークには頼れず、ひたすら現場を歩き回る「旅鳥」の連続となった。

どんな機種へも移植しやすいプログラムに、という合意事項がもとからあった。移植するなら「有名コンピュータ」にしたかった。当時もっとも有名で、関係者の垂涎の的だったコンピュータはデジタル・エクイップメント社のＶＡＸとＳｕｎ社のワークステーションである。勤め先の数理解析研でそんな機種が全部揃うわけはないから、移植させてもらえるコンピュータを別のところで探さねばならない。

ＶＡＸは大阪府の松下電器研究所にあるものを使わせてもらった。一日のつもりが深夜まで延びのびとなり、夜明け近くまでの作業となった。しかし、それでは済まず、東京に出張して東工大の米澤明憲《あきのり》研究室のＶＡＸを使わせてもらうことになった。これも数日間かかったが、それで終わりにはならない。テストが必要である。数理研にあった電話経由のモデム端末を使って京都のコンピュータから東京のＶＡＸにアクセスすることにした。「気の遠くなるような低速」「(電話代は) おそらく膨大な金額」と湯淺は思い出している(「ＫＣＬの開発・普及活動とネットワークの発達」『コンピュータソフトウェア』十四巻二号所収、一九九七年)。Ｓｕｎワークステーションは、ちょうど、テストのためのいろいろなアプリケーションを探していた京都大情報工学教室堂下修司研究室のものが見つかった。近くで都合もいい。移植の了承もすぐもらえたので、湯淺はＫＣＬのプログラムが記録された磁気テープ(当時、持ち運びできる大容量の記憶メディアといえば直径四十センチもあるオープン・リールの磁気テープしかなかった) を担いで出かけた。その研究室にテープを読むドライブがない、などのちょっとしたトラブルもあったが、むしろすでに実用化されていたLANで別研究室のドライブにアクセスする経験を得るなど、いいこともあった。日常業務を措いて、出先での三日間の「突貫工事」をして、Ｓｕｎへの移植に成功した。Eclipse/MV、ＶＡＸ、Ｓｕｎワークステーションという三機種のコンピュータでうまく動くようになったところから評判が立ち、ＫＣＬユーザーは着実に増えたという。

一九八四年夏には米国で正式の仕様書が出版され、ＫＣＬの性能に自信も出てきた。つぎは「世界中に広めよう」となった。若さゆえの野望である。紙に印刷したマニュアルと磁気テープ（オープン・リールのものとカートリッジ型のものを一本ずつ）を持ち、米国の主要大学・研究所にＫＣＬの宣伝をして回った。訪問先でマニュアルとテープをコピーしてもらい「自由にお使いください」というわけである。「全米にはＡＲＰＡネットワークが普及していたのだから、どこかのサイトにテープの内容を置けば」よかったのだが、まだネットワークのそんな便利さにまったく気づかなかった。「当時の筆者らの無知のせい」という。後に、テキサス大学のボブ・ボイヤー教授の好意で彼らの設立した会社でネットワークを通じて配布し、情報を交換するメーリング・リストも設置してくれた。移植作業の細々としたノウハウ、あるいはプログラムの欠陥であるバグの指摘など、いろいろな情報が入ってくるようになった。世界へのデビューはすんなりといったのである。

ＫＣＬはその後も世界で使われた。使うことのできるコンピュータの機種も増えた。米国のユーザーが圧倒的に多かったが、その他カナダ、欧州各国、イスラエル、インド、韓国、中国と世界を股にかけて「活躍」していた。さらにいろいろな人の手が加わって一九九四年にはだれでも自由に使えるフリー・ソフトウェアの運動であるGNUに参加、GNU Common Lisp（通称GCL）となった。それは今でも使えるのである（http://www.gnu.org/software/gcl/）。湯淺は、この業績で一九八七年、日本IBM科学賞第一回目の受賞者の一人となった。

ソフト制作の牽引役がいた

数理解析研究所のプロジェクトには、最初から計算機科学が重要な位置を占めていた。数値解析、計算機構という二つの研究部門と、実際のコンピュータを備えた電子計算機室が予定されていた。設立四年次の一九六六年に数値解析部門が設置され、米国ウェスタン・オンタリオ大にいた高須達《たかすさとる》が着任。翌年には高須が計算機構部門の教授となり、電子計算室に東芝の科学技術計算用コンピュータTOSBAC3400が導入された。ここから、本格的な計算科学研究が始まったのである（数値解析部門は占部実《うらべ》が着任）。

アラン・チューリングやジョン・フォン・ノイマンを見れば分かる通り、欧米での計算機科学は理論先行で発達したのに対し、日本の計算機科学の発達の歴史はハード優先であった（コラム参照）。六〇年代中頃になって、日立製作所、東芝、富士通などのメーカーがいわゆるメイン・フレームを開発し普及させる時代が来ていた。一九五九年には気象庁で計算機による数値予報の試みが始まり、六〇年には国鉄座席予約システムが稼働していた。しかし、計算機科学の基礎的研究・教育は大学ではまだ十分とはいえなかった。省庁やメーカーの研究所、電電公社研究所、工学部の電子工学科、理学部の物理学科などで研究されていても、まだ情報科学科、情報工学科というものはなかった（東工大、京都大、山梨大、大阪大などに情報科学科、情報工学科、計算機学科などの名称の学科ができたのは一九七〇年である）。ＩＢＭメイン・フレーム用に開発されたＯＳ、OS/360をめぐっての「ソフトウェア危機」を六〇年代なかばに経験した欧米に大きく遅れたところである。その中での、数理解析研究所の計算機科学研究は大いに期待されたはずだ。

とはいえ、数理研のスタッフはそんなに多くはない。電子計算機室を合わせても高須や五十嵐滋ら五人であった（六八年）。六〇年代から七〇年代は、プログラミング言語の基礎を固める時代だったから、言語ＡＬＧＯＬの研究、プログラムの仕様とその正しさ（つまりうまく動くかどうか）の証明などに力が注がれた。さらに、欧米の数理論理学と計算機科学の発展を踏まえたプログラムやアルゴリズムの数学的研究（意味論、証明論）などが取り組まれた。

数理解析研究所は、そもそも実用的なものを制作する機関とは考えられなかった。基礎数学はもちろん、応用といってもすぐに研究所の外の人でも使えるものを作るというのではなく、いろいろなものに応用できる可能性もある基礎理論を作っていくという方針だろう。しかし、黎明期にあったソフトウェア科学を含む計算機科学ではそういうわけにはいかない。基礎理論を実際のソフトウェア制作に使い、理論的成果を目に見えるものにしていかないと進むものも進まない。数理解析研究所で、その方針を推進した中心的存在は、一九七六年に着任した中島玲二だった。湯浅たちの行動の根には彼がいた。中島は二〇〇八年一月、数理解析研究所の現職教授のまま、肺炎で亡くなっている。彼の軌跡とその言葉を少し詳しく見たい。

中島は七〇年に東京大理学部数学科を卒業後、米国にわたり計算機科学を専攻した。ニューヨーク州立大を経てカリフォルニア大バークレー校の計算機科学科博士課程を終了後、七六年に数理解析研究所附属応用プログラミング施設助手となった。これを契機に中島が始めたのはイオタ・プロジェクトであった。

大学院ではプログラム言語の意味論など基礎的な研究に力を入れていた中島は、プログラムが正しい結果を出すものかどうかをどのように確かめたらいいのか、という証明、検証ということに取り組んだ。と同時に、それを具体的なソフトウェア作りにどう応用したらいいのかという問題を考え続けた。「いまだソフトウェアの生産が、科学技術として確立しておらず、職人芸に依存しているのが現状……情報学やソフトウェア学の中心的課題のひとつは、ソフトウェア生産をいかにして職人芸から科学技術として確立するかである、と筆者は考え

中島らが作ったソフトウェアの解説書

る」(『bit』十二巻十一号掲載の「プログラム検証入門」一九八〇から)。

その一つの答が、湯浅らと構築した、イオタ言語というプログラミング言語でのプログラムの開発・検証をプログラマとシステムの対話で進めることができるように仕組んだ総合型プログラミング・システム「イオタ・システム」であった。大規模なプログラムなら部分(モジュール)に分けて、それぞれで作業しなければならないのだが、モジュールの間の情報交換を工夫したりして、全体の共同作業をスムースにしようというのが目的だった。当時としては相当に斬新だった。欧米研究者の論文でも言及され、存在感を示していた。一九八五年ごろまでに一段落し、中島は次のステージに進む。それは、さらに具体的なソフトを作ることだった。この間、湯浅と萩谷のKCLプロジェクトも見て、何らかのアドバイスを与えることもあっただろう。そこからさらに進むことを思いついたのかもしれない。

八三年には、ソフトウェアおよびその基礎理論を対象とした新しい学会「ソフトウェア科学会」立ち上げの中心の一人となって活躍した。その機関誌『コンピュータソフトウェア』の創刊号で、慶応義塾大の土居範久《のりひさ》はこう書いている。「〝輸入加工型〟のソフトウェアの開発も大事ではあるが、それでは〝ソフトウェアの危機〟は克服できない。……ソフトウェアの実践を通してしっかりした基礎理論を構築し、ソフトウェア工学を充実させ……つまりソフトウェア科学をぜひとも発展させねばならない」(「『日本ソフトウェア科学会』発足までの顚末抄」一九八四年)。これは、中島も同じ思いであっただろう。

八六年、中島は新しいプロジェクトを始めた。普及してきたワークステーションの環境を良くするためのソフトウェアを、京大数理解析研と企業（立石電機＝現・オムロン、ソフトウェア制作会社ＡＳＴＥＣ）との共同で開発しようというのである。協議の結果、マルチ・ウィンドウ・システムとかな漢字変換システムの二つを作ろうということになった。後者はＷｎｎ（うんぬ、あるいはうーんぬと読む）というシステムに結実、一九九〇年代にはＵＮＩＸワークステーションのかな漢字変換システムの標準となり、さらに、その後裔はいまでも携帯電話、ＵＮＩＸ／Ｌｉｎｕｘを積んだパソコンなどで広く使われている。

Ｗｎｎに関するエピソードを紹介しよう。

当時、ワークステーションのかな漢字変換は、パソコンよりも劣る単文節変換しかなかった。パソコンのワープロソフトでは「文章一括変換」がすでに主流になっていた。京大側は「単文節変換でいいのでは」という意見だったというが、さすがに企業側はそれでは満足できない。当時、立石電機の窓口となっていた中野秀治が「せめて『私の名前は中野です』という文を一発で変換してほしい」と主張した（http://www.masuda.org/wnn-kaihatu.htm）。

何回目かの会議で、会議に出ていた湯浅が黒板に「Ｗｎｎ」と書き「これが、開発する日本語処理システムの名前。うーんぬと発音する」と説明した。Ｗｎｎとは「Watashi no Namae ha Nakano desu」の下線部をとったものとわかると、一同大笑いとなったという。

もう一つのプロジェクトであるマルチ・ウィンドウ・システムは、ＧＭＷ（「Give me More Windows」もっとウィンドウを！）と名付けられた。これらのプロジェクトを進めるために、数理解析研の所員と学生からなるソフトウェア研究グループKABA（Kyoto Artificial Brain Association）が結成された。その本拠は京都・荒神口の久邇《くに》服飾専門学校に間借りし、学生、企業の技術者らのたまり場となった。企業からの人と議論を楽しみながら、昼夜逆転した生活など普通人にはなかなか理解し難い生活をしながらソフトウェアのプログラミングに勤《いそ》しんでいたのだろう。どちらも一九八七年には完成し、配布手数料のみでだれにでも提供された。

KABA著『Wnn+GMW入門』（岩波書店、一九九〇年）の序文で、中島はこう書いている。

「WnnとGMWは、いずれも少数だが若く優れた研究者や技術者が、自由で生き生きとした発想と活発な討論の中で創造したソフトウェアである。大学のボス教授や大会社の管理職があれこれ学生や部下に指示しても決して作り出されるものではない。たとえ設備は貧弱で資金も乏しい少人数のグループでも、ユーザの立場をしっかりと踏まえ、自由な発想と議論を可能にする研究体制のもとに、革新的でかつ実際に有用なソフトウェアを創作し……国家の省庁が主催するいわゆるビッグプロジェクトや大企業が大きな資金を投じて取り組む組織的な開発より、自分たちの自発的な活動のほうがはるかに優れて有用な成果を短時間に挙げる可能性があることを……作成者たちは知ることができた」

KABAでは、そのほかパソコン上で動くプログラミング言語Prolog-KABA（Prologは人工知能に使われる言語として知られる。渕《ふち》一博らの第五世代コンピュータ開発計画でそれは一つの主眼であった）などを作ったが、ソフトの制作ばかりではなく、「ＫＡＢＡ自由大学」と称して、コンピュータ・サイエンスやテクニカル・ライティングの無料講座も開いていたようだ。ＫＡＢＡは、産学連携がまだ未成熟な時代に、大学と企業の自由な交流を提供する場となったことはその後への意義が大きかったと見られる。ＫＡＢＡは二〇〇五年に活動を終えた。

変化の度合いがとてつもなく激しい計算機科学・コンピュータ科学の研究は、時代背景に大きく影響されるだろう。七〇年代から八〇年代という時代では、ネットワークも個人における計算環境自体もまだまだ未成熟であり、中島玲二のような牽引役、ＫＡＢＡのような活動が十分に意味を持った。今、個人レベルで二、三十年前では考えもつかなかった計算資源を使える時代には、先鋭的な研究所としてまた違う取り組みが必要となる。数理解析研究所ではその後も、関数型プログラミング言語の研究と開発（一九九〇年代）、より理論的・数理的なプログラミング言語理論の研究（二〇〇〇年代）などに力を注いでいる。さらにどのような活動に取り組み、計算機科学に切り込んでいくかが期待されている。

●コラム…………………

計算機とその科学の前史

「数理科学研究所」の設立要望の中では、「計算機」への思いが殊の外、目立つ。当時に至るまでの五〇年代の計算機開発の状況を思い出しておく。

世界で最初の「電子計算機」は一万八八〇〇本の真空管でデジタル回路を作った米ペンシルベニア大学のエニアック（ＥＮＩＡＣ）で、一九四六年に完成した。プログラムは内蔵ではなく、穴のたくさん空いた板にたくさんのコードを挿して配線を変えることで実現していたので、違う計算をするようにプログラムを変えるのは一日仕事であったらしい。

そういう意味では、今のプログラム内蔵型計算機（一九四六年、フォン・ノイマンが提唱した）の第一号はエニアックではなく、一九四九年に完成した英国ケンブリッジ大学のエドサック（ＥＤＳＡＣ）だった。日本ではこういうものは雑誌で見るだけであった。エドサックは真空管四千本程度で、エニアックより経済的だったが、それでも日本の現状では手の届かない存在だった。

その後、電子計算機は商用化され、IBMは一九五三年に事務用中型機IBM650を完成、日本では一九五五年に証券会社などが米国製電子計算機（UNIVAC製）を輸入するようになる。

日本での開発状況はどうか？　エドサックから三年後の一九五二年、通産省電気試験所で動いた自動計算機ETLマークIは電子式ではないリレー式ではあったが、立派に動くものだった。五五年には実用機マークIIも作られた。しかし、実のところ、電子計算機に比べれば遥かに遅かったのである。

真空管を使った日本初の電子計算機は、大学でもなければ研究所でもない一企業が開発した。一九五六年に完成した真空管を千七百本使った富士フイルムのFUJICである。レンズ設計で人手計算の二千倍の効率を示したといい、その年の電気通信学会のシンポジウムでは、そのころ制作されていた計算機の中で圧倒的にFUJICの速さが目立ち、観衆の度肝を抜いたという（高橋秀俊『電子計算機の誕生』中公新書、一九七二年から）。

日本の大学で電子計算機を作ろうというプロジェクトは、東大工学部の開発グループと東芝の共同研究によるTACプロジェクトが最初だった（一九五一年）が、五年後に東芝が撤退するなどで完成は五九年までかかった。一方、東大理学部高橋秀俊研究室の後藤英一が五四年に開発した素子パラメトロンを使った計算機は電電公社（現・NTT）、国際電電（現・KDD）と共同開発が進み、さらに日立、日電などのメーカーも制作を進めた。本家の東大理学部では五八年にプログラム内蔵式パラメトロン計算機PC−1が完成、東大唯一の電子計算機として大いに利用された。

電力を食い不安定性も問題となる真空管から脱却するため、トランジスタ使用の計算機開発も通産省電気試験所で始まった。五六年稼働のETLマークⅢ、五七年の実用機ETLマークⅣのノウハウは、トランジスタ計算機の標準として各メーカーに公開され、その後の大きな刺激になったという。各社の商用機の開発、完成も進み、六〇年には国鉄の座席予約システムが稼働し、電子計算機（コンピュータ）は黎明期から実用の時に入ったといえる。

ここまでの開発プロジェクトは（もちろん、計算機を起動させるイニシャル・オーダーなどの基本ソフトの開発は含むものの）、ハードウェア開発の比重が非常に高い。日米の技術格差はかなり少なくなっていたと見てもいい。しかし「コンピュータ、ソフトなければただの箱」といわれる中で、日本では先行するハード研究に比べてソフトウェア開発はおよそ十分ではなかった。先駆者の一人である高橋は『電子計算機の誕生』最終章で、その状況を嘆いている。それは、いまだに日本のＩＴ産業の弱点に関係するのかもしれない。

第二景—流れに魅せられて

流体力学は、始まったときから「数学」であった。ここでは、数理解析研究所での数学と流体力学のからみ合いを報告しよう。

流体の速度と圧力の関係を示したベルヌーイの法則（一七三八年）に名前の残るダニエル・ベルヌーイは名高い数学者一族の一人である。「流体は物体に抵抗を及ぼさない」というパラドックス（一七四四年）を提出したジャン・ル・ロン・ダランベールは弦の振動を波動方程式の解法に転化して考えた数学者である。なにより粘性のない流体の運動をあらわす基礎方程式、オイラー方程式（一七五〇年ごろ）を考えついたのは、数学の巨人レオンハルト・オイラーである。

現在の流体力学の基礎方程式となっているナヴィエ－ストークス方程式は、橋や堤防を作る土木工学者であったフランスのナヴィエが一八二二年に提出したが導き出し方に曖昧な点が多く、正確な導出法を一八四五年に明らかにしたのは理論物理学者のジョージ・ストークスであるとされている。彼が勤めていたのはケンブリッジ大学のかの有名なルーカス数学教授職である（この職に就いたのは、ニュートンをはじめ、ポール・ディラック、スティーブン・ホーキングなど卓越した数学者、理論物理学者であった）。

その後、解析学や複素関数論など数学との深い関連をつなげながらも、流体力学がより応用重視で発展したのは二十世紀以後の航空機開発のためであった。戦前、空気力学ともよばれた流体力学は境界層、乱流という新しい概念を作ってより深く発展した。それは「飛行機をより効率的に飛ばさねばならない」という国家的使命があったからである。世界の流体力学も、日本の流体力学も全く同じ状況であった。

戦後、日本の航空に関連する研究は連合国により禁止される。戦争への芽を摘もうということであったが、この分野での研究者の挫折感は大きかっただろう。この措置で、敗戦後の流体力学研究はどうなったか。戦前、境界層とそれを応用した層流翼を開発した権威、谷一郎は、一九五三年の講演で、そのような環境での流体力学の研究は　①基礎研究。境界層や乱流、高速気流などの流体力学基礎の基本的解明をめざす　②航空以外への応用。河川や海洋に関する土木工学や電気・機械への応用など幅は広い　③日常的な現象の流体力学的解明――に分かれていた、と話していた（橋本毅彦『飛行機の誕生と空気力学の形成』東京大学出版会、二〇一二年）。そのころ、ソ連のコルモゴロフの乱流理論に関する情報が入り始めるなどの刺激もあって、東大の谷と京大の友近晋《すすむ》という流体力学を戦前から支えた二人を中心とする東西の工学系と理学系両方の流体力学研究者が協同、基礎的な研究を進める体制が固まってきた（『現代物理学の歴史Ⅱ』所収の今井功《いさお》「ある流体物理屋の軌跡」による）。これは後々の「日本流体力学会」の創立につながる。五二年の講和以後、飛行機に関する技術への応用研究もできるようになったが、アカデミズムでは「流体力学の基礎を固めよう」という方向は消えなかった。

ナヴィエ - ストークス方程式をめぐる数学

一九五九年から始まったプロジェクト「数理科学総合研究」は、「数理科学研究所」の設立を目指す助走として、数学と周辺領域の研究者を協力させるものだったということは第○章で触れた。いろいろな協力が生まれたうちの一つに、物理数学と非線型問題のからんだところに一つの芽が発生した。その芽の主は、東大物理教室で関数解析を駆使する物理数学を目指していた加藤敏夫と藤田宏である。ターゲットは流体力学の基礎であるナヴィエ - ストークス方程式であった。

ナヴィエ - ストークス方程式は、u の二次の項（一番目の式の左辺第二項）を含むため「非線型」の方程式である。非線型の方程式というものは、線型方程式のように解どうしの「足し算」ができないため、方程式を満たす「解」の挙動が一朝一夕につかめない難物である。それまで、「非線型の影響は小さい」としたいろいろな近似で解の性質を調べる研究は流体力学者の間にはあったが、そもそもその解は性質がいいのか（微分可能などの性質をいつももっているかなど）、それを満たす解は一つあるのか（ないかもしれないし、二つ以上あるとさらにややこしくなる）、などの数学的な性質については全くわかっていなかった。乱流の発生などの問題になると、流体力

$$\frac{\partial \boldsymbol{u}}{\partial t} + (\boldsymbol{u}\cdot\nabla)\boldsymbol{u} = \nu\Delta\boldsymbol{u} - \frac{1}{\rho}\nabla p + \boldsymbol{f}, \qquad \cdots\cdots\ (*)$$

$$\operatorname{div}\boldsymbol{u} = 0$$

ナヴィエ - ストークス方程式　ρ は流体の密度（一定）、$\boldsymbol{u}$ は流体の速度ベクトル、p は圧力、ν は粘性を示す係数、$\boldsymbol{f}$ は外力。第１の式で流体の運動を記述している。第２の式は質量保存の法則である。

学者でもこのような数学的な基礎が必要になってくる現実もあった。フランスの数学者ジャン・ルレイが一九三〇年代に、初期条件と端の条件を満たすナヴィエ－ストークス方程式の解は存在するのか、それは一意的なのか、という問題について先駆的な結果を発表してはいたが、それでおさまる問題ではなかったのである。

藤田はこんな説明をしている。

「今まで流体力学として計算された結果の大部分は Stokes 近似とか Oseen 近似とか適当な近似方程式を解いたものです。……流体力学的に有用な結果は多く得られましたが解の存在証明には直接の関係はありません。解の存在証明などが流体力学に役立つかという問の答としては、本誌にかなり前に加藤先生が物された一文が適切であったと思います。確かに流体力学の人達は乱流発生の問題もあって、物理屋の中では基礎方程式の解の一意性、存在などにもっとも関心を払う一群といえましょう。」（『日本物理学会誌』一七巻四号、藤田宏「Navier–Stokes 方程式の数学的プロフィル」）

一九五七年、加藤とその助手を勤めていた藤田は一編の論文を手にした。ソ連のオルガ・ラジジェンスカヤが、ナヴィエ－ストークス方程式の二次元での解の存在について近似解法をもとに議論していた。加藤の研究室の隣は、たまたま流体力学の今井功の研究室であったから、いろいろ学ぶには好都合だった。この論文をきっかけに、二人の流体力学の基礎方程式に関する数学的研究が始まったのである。

「数理科学総合研究」は二人の動きをさらに拡げるのに役立った。第二班（物理数学）と第三班

（非線型問題）では、五九年七月、合同で流体力学の研究会を開き、数学者、物理学者、工学者などいろいろな専門家の前でナヴィエ－ストークス方程式について発表と議論を重ねた。これらのこともあって、六〇年代前半、加藤と藤田は吉田耕作の「作用素の半群」の理論を大いに利用して問題の見通しを良くし、ナヴィエ－ストークス方程式から導いた「発展方程式」の初期値問題が解を持つのを示すことに成功した。これは Kato-Fujita 理論と言われ、その後のナヴィエ－ストークス方程式の数学の基礎となった。多くの数学者がそれに刺激されて、この非線形方程式の数学的性質について研究を進めた。しかし、いまだに同方程式の三次元での初期値問題は完全な解答を得るには至っていない。その現状についてはあとで触れよう。

不安定性、乱流、そして……

物理の中でも、流体力学という数学的にこんなに面白いものを六三年に開設された京都大数理解析研究所でも放っておくわけにはいかなかった。少しずつ興味の分野は違っても、流体力学の研究者は、六五年に京都大学理学部から後藤金英《かねふさ》が着任して以来、これまで途切れたことはない。東大にいた藤田も、数理解析研の併任教授を勤めた期間がある。この研究所での流体力学研究の系譜を見てみよう。

後藤金英は、流体力学研究の「西の雄」である京都大物理学教室の友近晋に学び、流れの安定性を中心に、ナヴィエ－ストークス方程式を解いて解析的な答を求める理論的な研究を精力的におこなった。普通の秩序ある流れはその速度が速くなるに連れて変形し、最後には複雑な流れ「乱流」となる。流れの安定・不安定の理論とは、その移り変わりのギリギリのところは一体どういう構造になっているのかという疑問への追求であった。兄弟子巽友正《たつみともまさ》との共著『流れの安定性理論』（一九七六）はその分野のバイブルともいえる存在となった。後には磁性流体の力学「電磁流体力学（ＭＨＤ）」などあまり流体力学では扱われないテーマにも興味を示した。山田道夫（現・数理解析研）と共同研究した二つ以上の平行している流れが周期的に存在する場合（ちょうど地球を巡っている大気の流れと同じような構造だ）の安定性・不安定性の理論は、後に山田の専門となる地球流体力学研究のきっかけともなった。

当時、数理解析研の流体力学は後藤と助手（初期は川原琢治）の二人であったが、毎週月曜日のセミナー「流体力学談話会」には京大各学部や京阪神の大学から約二十人が参加、幅広い話題について活発な議論で賑わった。年二回ほどのペースで開催された数理解析研の研究集会でもさまざまな研究発表がなされた。学生運動が盛んなころ、後藤はこんなことを書いている。「表玄関に向かい合った農学部には、垂れ幕がなびき、騒音あり、スト中で、それに背ばかり向けてもいられないが、研究所は大人の世界であり、せめてここには良い意味の秩序を極力保ちたいと思う」（『流体力学談話会誌』一巻一号「数理研における流体力学」一九六九年）。

後藤が八五年に大阪府立大へ出た後、流体力学の中心となったのは木田重雄である。木田の興味は、その当時の流体力学の最大の問題であった乱流であった。発生のメカニズム、乱流状態になったときに現れる微細な渦構造、そしていわゆるカオスと呼ばれる不安定な周期運動など、乱流にある問題は広く深かった。ちょうど、コンピュータが発達してきて、いわゆる「スパコン＝スーパー・コンピュータ」と呼ばれる超大型機が現れた頃で、ナヴィエ－ストークス方程式を直接、数値的に解き、複雑な乱流状態を計算機上に「再現」してみせる研究が進んだ時代でもあった。統計力学的な扱い、数値計算的な扱い、いろいろな方向から攻めた木田は後輩の柳瀬眞一郎と大著『乱流力学』（一九九九）を仕上げた。これは九七年に核融合研究所へ出るまでの数理解析研究所での木田の研究生活の総まとめであり、いまだに乱流研究者の役に立っている。

コンピュータで計算して乱流を明らかにしようという研究は、その後も続き、回転運動や熱伝達の影響、化学反応などいろいろな要素を加えることができるようになり、工学的な乱流発生の制御も可能になっていったが、どのように乱流が生まれ消えていくのかといった乱流そのものの本質はなかなか突き止められてはいないようだ。

「ミレニアム問題」と「地球の視点」と

「流体力学の数学」を追求する岡本久《ひさし》が数理解析研究所に着任したのは一九九〇年であった。東大で藤田宏に学んだ岡本は、関数解析などの数学理論とコンピュータを使った数値解析の両刀使いで、「難攻不落」ともいわれたナヴィエ－ストークス方程式の解の存在問題へ切り込んでいた。

問題自体は簡単に表現できる。「与えられた外力、初期条件、境界条件（有限領域なら壁で

$u=0$、あるいは無限領域なら$x \to \infty$で$u \to 0$）でナヴィエ－ストークス方程式（＊）は性質の良い（正則な）解$\{u, p\}$を一意的に持つか」というものだ。一九三四年のルレイの論文以来、この問題は微分可能性が弱い「弱解」や「強解」といった条件をつけた解の存在や一意性を掘り起こしながら研究が続けられてきたが、解決できたのは有限の時間内であるか、二次元領域であるかなどで、三次元、すべての時間にわたっては一体どうなのかはまだまだわかっていないのである。

岡本は九〇年代、ドーナツの表面（二次元トーラス）で、ナヴィエ－ストークス方程式を満たす流れがどうなるかを研究し続けた。ドーナツの表面というのは現実からは思いつかないが、理論的には縦横両方の周期性（縦にも横にも真っすぐ行けば元の場所・条件に戻る）があるので扱いやすいのである。これは旧ソ連の数学者アンドレイ・コルモゴロフ（確率論の先鞭をつけたあの人）が提唱した問題であった。数値計算をして方程式の解を見ると、パラメータを変えていくと横方向に流れているのが縦方向の流れに切り替わるというような解の「分岐」が発生する。理論的にもこういう分岐が発生することを証明

岡本久
（2013年、筆者撮影）

できた。こういう具体的な試みを続けて新しい事実を見つけるのも数学の楽しみと意味なのである。

藤田によれば、岡本も含む日本のナヴィエ－ストークス方程式研究チームは「寄与は顕著で国際的に大きな存在感を持っている」という。岡本に加え、九六年に助教授として赴任した大木《おおき》谷《たに》耕司も、乱流と解が急激に大きくなる爆発現象の解明を中心に挑戦を続けた。「ナヴィエ－ストークス方程式って悪女。冷たい美人だね。こっちをたまにチラッと見て、気があるんかな、と思っていると振られてしまう」と岡本は笑いながらいうのである。

岡本の着任から十年後の二〇〇〇年五月、米国のクレイ数学研究所がミレニアム賞金問題（The Millennium Prize Problems）七題を発表した。同研究所は、ファイナンスとファンディングで成功したランドン・クレイが数学振興を目指して設立した研究所である。七つの問題はいずれも折り紙つきの難問で、ひとつ解けば百万ドルを提供するというのが「ミレニアム賞金問題」である（そのうちの一題「ポアンカレ予想」はロシアのグリゴリー・ペレルマンによって解かれたが、彼は賞金を受け取っていない）。

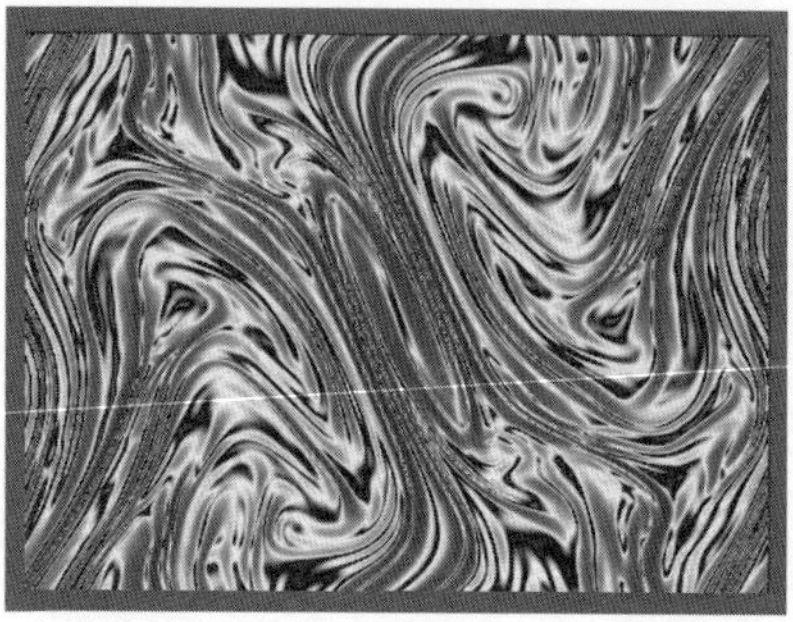

ドーナツ表面（二次元トーラス）の上のナヴィエ－ストークス方程式に従う流れの数値計算例。色の濃い薄いでその場所の「渦」の様子を現している。時間を追うと流れの乱れていくさまがよく分かる。岡本久提供。

リーマン予想などに並んで、その中に「ナヴィエ－ストークス方程式」がある（http://www.clay-math.org/millennium/Navier-Stokes_Equations/）。まさに、三次元ナヴィエ－ストークス方程式のちゃんとした解が存在するか否かをきちんと証明しろ、という課題である。

岡本は、二〇〇九年には、ナヴィエ－ストークス方程式の数学的研究の総まとめをした教科書を作ったが、その後書きでこう書いている。「ナヴィエ－ストークス方程式の理論は……偏微分方程式論の常としてきわめて技術的である……しかし、読者はその技術的な困難に圧倒されてはならない。本当に重要なアイデアは技術の細部とは無関係であろうと筆者は信ずる。……まだ手のつけられていない問題がきっと隠れているに違いない」。

そんなだれも気づかない疑問を抱き、実際に計算してみると面白いことがわかる。これこそまさに科学である。そんな例を紹介する。

地球や土星、木星といった惑星の表面には、たとえば空気のような気体、水のような液体が多量に存在する。そのような「球」の表面上での流体の運動を考えることは実用上大きな意味がある。スパコンで大気の運動を計算して「明日の天気」を推測する「数値予報」の基礎を固めることになるからであり、地球以外の惑星の環境を調べる惑星科学の問題でもある。

「木星の表面にあるたくさんの縞や大きな赤いあざのような模様、大赤斑がなぜできたか、それは球の上の流れでできているんじゃないか、とも考えられていた」と山田道夫はいう。山田は一九九〇年代初め、京都大防災研究所に勤務しているとき、回転する球面の上で二次元的に動く流体があったら、どんな風になるのだろう、という基本的な疑問を抱き、地球物理専攻の余田成男《よでんしげお》と計算を始めた。球面全域にわたる流れを高精度にコンピュータで計算した例はまだあまりなかったのである。

九二年に発表した最初の計算を紹介する。地球の自転のような球の回転（東向きに回っているとする）がなければ、最初にランダムに設定した細かい渦がだんだん融合し大きな渦を作るようになる。球の回転があると、南極・北極に近い高緯度のところに西向きのジェット流が発生、低・中緯度のところにはそれより弱い東向きの流れが起こることがわかった。この傾向は、回転速度が大きいほど目立つ。

九九年のもっと詳しい計算から結果を見てみる（一九九九年日本流体力学会「ながれマルチメディア」の「回転球面上の減衰性2次元乱流からのパターン形成」（石岡圭一、山田道夫、林祥介、余田成男）から）。

最初は右回り（緑から赤）、左回り（緑から青）の小さな渦がラン

山田道夫
（2013年、河野裕昭撮影）

ダムに分布している状況をとる（図1）。

もし、球の回転がなければ、渦は融合して、右回り（赤）、左回り（青）の大きな渦が少数残り、表面の大部分は渦なしの状態になる（図2）。

ところが、地球ぐらいの回転をしていると、中緯度域に波打つパターンが見えてくる（図3）。

地球の八倍ほどの速度で回転させると（これは木星の回転速度程度）、高緯度には東風が発生し、その間の中・低緯度域は帯状の流れが並ぶ「縞状構造」になる。惑星から見た渦そのものの様子を示す「相対渦度」であらわす（図4）と、このように渦の巻き方が反対方向の帯が数本、南北に次々と並んでいることがわかる。まさに「木星の縞」を思わせる模様である。

「回転していることで、球の表面上の流体の状態が安定化

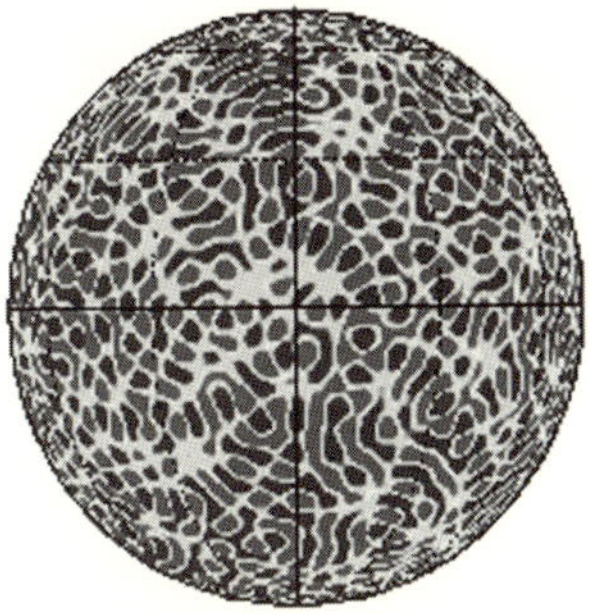
図1　初期状態

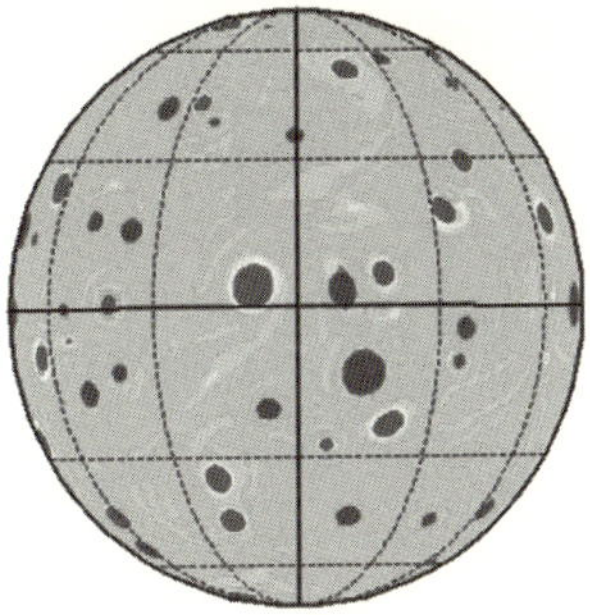
図2

できている。これらは数値計算シミュレーションを用いたり、また部分的には理論的に解析することもできるが、直感的な説明はなかなか難しい。球面というのは簡単なようでいて、けっこう難解な図形」と山田はいう。このような分野は地球流体力学とも呼ばれ、流体力学の長い歴史の中では比較的新しい分野だ。地球物理出身の竹広真一との共同研究が進んでいる。

「厚さを無視した回転球面上の流体」は現実には遠い仮定かもしれない。確かに、木星の大気は多成分で、密度変化や太陽や内部の熱の影響もあり、複雑だ。そもそも、観測は限られ、実験も不可能、乱流などで数値シミュレーションも万能ではなく、理論的理解なんて現在の能力を越える……と、ないない尽くしなのだ。しかし、まだ手はある。「最も単純化した方程式から次第にモデルを複雑にし、方程式の階層を考え、順に解の性質を調べる。最も単純化したモデルは現実を直接に記述しないとしても、その解はより複雑な方程式を調べるときの貴重な情報となる」と山田はいう。このように、対象に近くまで迫れない場合、コンピュータと理論を中心とした解析、つまり数理科学の方法こそ最大の「武

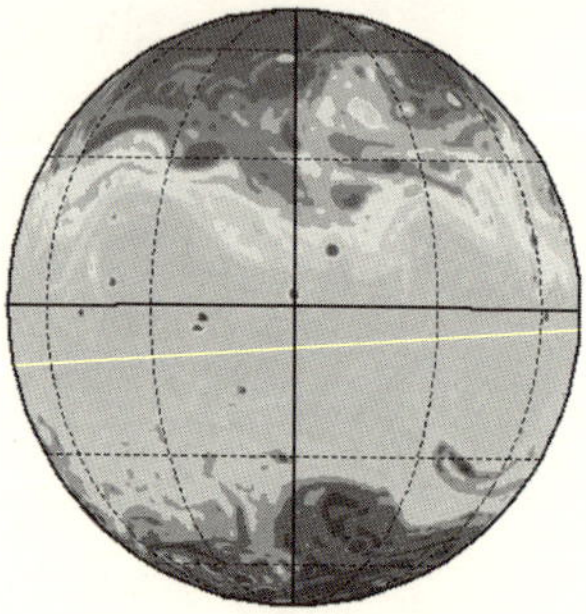

図3

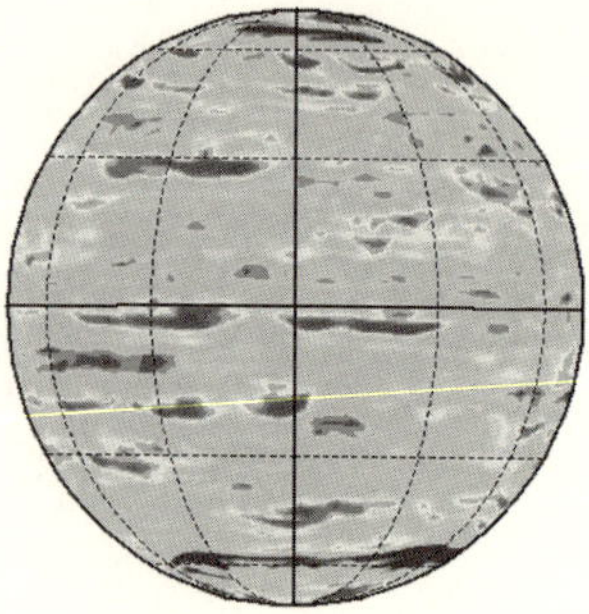

図4

器」となる。

乱流、ナヴィエ－ストークス方程式の謎、そして惑星の表面や内部の流体の運動と、流体力学と数学が組むと、これだけの豊穣な世界ができる。それは数学を発展させると同時に、世界の見方をも変えてくれるのである。

第三景──「最適化」に挑む

数学を実世界の問題に応用する、という実践は、実世界が数学よりはるかに広いだけに、実に多種多様な試みがこれまでにある。数理的方法の応用といっても、基礎を受け持っている分野の広さも、提供する手法の種類も、適用される分野の多様性を見れば、とても一口ではいえないことはよく分かる。

しかしその「目的」は一貫している。なんとか、うまい解を見つけよう、そういう方法を探そう、というものだ。現実問題への数理的方法の応用は、戦争に誕生のきっかけがあったことはよく知られている。欧米で使われた「オペレーションズ・リサーチ」（作戦研究）という名称が、「（現実に直面している）問題を筋の通った方法を用いて解決するための『問題解決学』」に当てはめられているのはそういう経緯を経ているからだ。

戦後、欧米で開発されたそのような方法が日本へ入ってきて、応用数学は変貌した。それまでは、工学的問題で解析的な数学を使ってよい解を求めようという方向（流体力学＝空気力学ともいった＝はよい例だ）だったが、戦後はもっと広い問題に対して多様な方法が登場した。たとえば、数理統計学を応用した品質管理、最小二乗法や実験計画法、そして線型計画法などの手法が導入された。「欧米の科学、技術、産業に追いつけ」と、アカデミズムにいる人から産業界で実際の開発や経営に携わる人までが、問題解決の方法論について熱心に勉強を始めたのは、一九五〇年代であった。たとえば、その受け皿として日本オペレーションズ・リサーチ学会が一九五七年に立ち上げられている（米国の Society for Industrial and Applied Mathematics＝SIAM＝などに対応する日本応用数理学会はもっと遅く一九九〇年設立）。大学でも、東京大学では航空工学の俊英たちを移して一九四六年に設立した応用数学科を、応用物理学科数理工学コース（五一年）、計数工学科（六二年）と充実させていたし、京都大学も五九年に数理工学科を創設している。数理工学、応用数学、応用数理……いろいろな名前で呼ばれていた。まだ、旧来の物理や数学の体系性にくらべれば「発展途上」という段階だったが、問題解決のためという情熱はそれまでの数学とは一味ちがう理論的発展をもたらしていった。

「数理科学研究所」構想を踏まえて、一九五九年に始まった「数理科学の総合研究」でも、そういう動きを察しており、東工大の河田《かわた》龍夫らをキャップとしてオペレーションズ・リサーチに関連する待ち行列とゲームの理論の研究班が組まれていた。しかし、そのような分野が数理解析研究所の出発時にとりあえず取り上げられなかったのは、第〇章で述べたとおりだ。まだ、機が熟していなかったのである。当時はまだ、研究所よりも現場で、どう現実に数理的扱いを当てはめるか試行錯誤する時代であった。

「最大・最小問題」の先へ

数理工学に入門して、最初に学ぶのは「線型計画法」だろう。たとえば、「二種類の製品アメリンとブテリンを作ろうとしている。アメリン1キログラム作るには石炭が9トン、電力4キロワット時、労力が3人日必要である。ブテリン1キログラム作るには石炭が4トン、電力5キロワット時、労力が10人日必要である。利用できるのは石炭360トン、電力200キロワット時、労力300人日まででそれ以上使えない。アメリン1キログラム当たりの利益は7万円、ブテリンは同12万円である。利益最大にするには、それぞれどれだけ作ればよいか」(森口繁一『応用数学夜話』第三話から)というような問題である。現実にはよく出会うものだ。

米国空軍に勤めていたジョージ・ダンツィク(後にスタンフォード大教授)は物資輸送でこれに似た問題に出会い、一九四七年、その一般解法である「単体法」を発明した。ある量を最大あるいは最小にするにはどうしたらいいか、あるいは最善の選択肢はなんなのか、そういう解を考える「最適化問題」を数理的に解く突破口はここからだった。たくさんの要素を含んだ問題が解けるようになった。しかし、現実はこれで解けるものばかりではなかった。

京都大学で確率的な制御理論を専攻し博士課程を終えた藤重悟は、一九七五年年四月、東京大学工学部計数工学科の伊理《いり》正夫研究室の助手となった。助手になるための面接で、藤重は伊理に「君、マトロイドって知っているかね」と聞かれた。当時、伊理は回路網を調べる新しい方法を研究していたが、そこに使える考え方としてマトロイド（ベクトルの一次独立、一次従属の概念を抽象化して点と線が組み合わさった「グラフ」とか「ネットワーク」に使えるようにした概念をいう）に注目していた。それは、藤重が微積分を使う「連続な数学」ではなく「離散的な数学」と取り組むきっかけとなった。

最適解を求めようとするとき、微積分や線形計画法で解ける連続的な量の場合と、1、2、3と数えられる「離散的な性質」をきちんと扱おうとする場合では、問題の扱い方は全く違ったものになる。また、連続量なら計算可能だが、離散的な場合では、組合せの数が爆発的に多くなり、すべての結果を計算で出すのが実質的に不可能ということもある。いわゆる計算量問題とも大きな関係があるのだ。

離散的な問題で、注目された例をあげてみよう。たとえばネットワーク・フローという問題だ。「点と点が各々パイプで結ばれたネットワークがある。各パイプは流量の上限がそれぞれに決まっている。点

藤重悟
（写真本人提供）

のうち、流れの入り口はm個、出口はn個である。このとき、このネットワークに最大どれだけの量を流すことができるか」。実際の工場などでありそうな状況であるが、微積分などの従来の数学では解くことができない。

　あるいは「男女がn人ずついるとする。各男性は女性に対して好みの順序を持っている。各女性も同様に男性に好みの順序がある。男性がひとりずつ好みの女性にプロポーズしていくとき、女性は仮受諾するか拒否するかする。この男女に対して最終的に好みに文句が出ないようなペアを作っていく方法があるか」という安定結婚問題という問題である。こういう問題は実は解けるのだけれど、そういう問題には、マトロイドという性質で見るとある共通性があるのだという。

　当時、筑波大学にいた藤重らの八〇年代の研究で注目されたのは、最大最小問題でカギとなる「凸解析」と、この「離散的な問題でのマトロイド」の関係だった。

　凸解析というのは、下図の$f(x)$のように、曲線上のどの二点を結んだ線も曲線より大きい（上にある）ような関数＝凸関数の

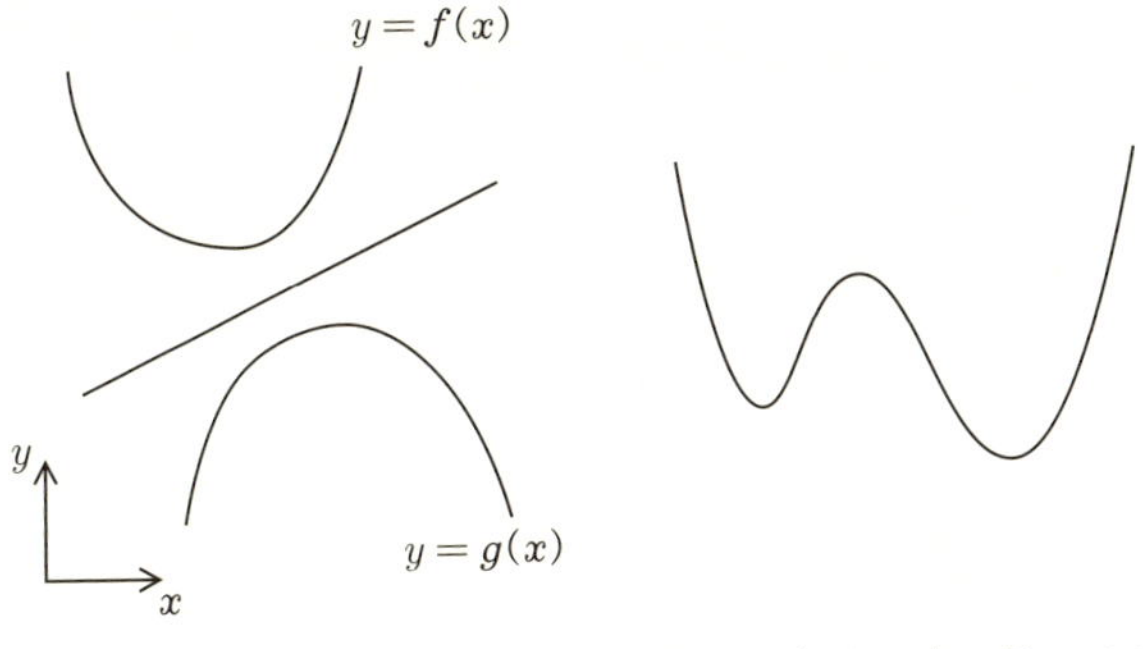

左　凸関数と凹関数。どちらも局所的に極小・極大の点を見つければ、そこが最小値・最大値である。凸と凹を区別してその間の線が引けるというのが「分離定理」。
右　これは凸でも凹でもない関数。最大値、最小値を簡単に見つけることはできない。

性質を調べることだ。こういう性質があれば、局所的に最小な点が全体でも最小の点になる。逆に凹関数では、局所的に最大な点が全体でも最大になる。凸関数と凹関数（$g(x)$）は一本の線を引けばきれいにあちらとこちらに分かれる。当たり前のようだが、これを「分離定理」といい、最大（小）化問題をペアになる最小（大）化問題と組で考える「双対性《そうついせい》」とともに、最適化問題を解くには重要な事項だった。

離散的な問題で「凸解析」するには

「解ける離散的問題」と「解ける凸解析」の共通性を追求していて、藤重らはマトロイドから導ける「劣モジュラ性」という性質を持つ関数「劣モジュラ関数」が離散的な問題の「凸関数」ではないか、という認識に達した。しかし、離散的な問題が解ける「凸解析」に当たるものはまだ見つからなかった。

京都大数理解析研究所に本格的な数理工学の研究が現れたのは一九九二年、東京大学からやはり伊理門下の室田《むろた》一雄が赴任して以後だ。

一九九四年の夏、米国での国際数理計画シンポジウムで凸解析を離散的な問題に適用するヒントを得た。離散的な問題における凹関数の特殊な場合がマトロイドに関連する「付値マトロイド」であると突き止めた。これが突破口となり、連続的な量を扱う場合の凸解析と同じように離散的な問題を扱う「離散凸解析」の枠組みの組み立てが始まった。

$$\rho(X)+\rho(Y) \geqq \rho(X\cup Y)+\rho(X\cap Y)$$

劣モジュラ関数の性質

ちょうどその年、東大の教え子で一緒にマトロイドと劣モジュラ関数について研究してきた岩田覚《さとる》も数理研に助手として赴任し、室田とまたタッグを組む。九七年に岩田は大阪大へ移るが、そこに来たのは藤重であった。近畿圏で三人の共同研究がさらに進むのである。

離散凸解析の目標は、離散変数（最大・最小値などを求めたい関数の、格子点＝座標が整数値だけをとる＝での値だけ考える）で連続凸関数と同じように扱うにはどうしたらいいのかということであった。九六年ごろにはM凸関数、L凸関数と名付けた凸関数の離散世界版があることがはっきりし、応用の仕方がわかってきた。連続世界版での分離定理、双対性と同じように、離散世界でも分離定理、双対性が存在することもわかった。「離散凸解析」の完成である。

解ける問題の「指標」

離散凸解析の考え方を使うと、先ほどのネットワーク・フローの問題や安定結婚問題も解けることがわかる。その他、生物から読み取ったDNAの構造の同定や区別をしようというバイオインフォマティクスへの応用や古くからある在庫管理の問題などいろいろな問題に応用

室田一雄
(Archives of the Mathematisches Forschungsinstitut Oberwolfach)

できる。
離散的な問題には、解くのが大変な問題があることが知られている。たとえば、「ある一国内に散らばっているn都市（各都市間の距離は決まっている）を一回ずつ訪れて出発点に戻る経路のうちで、最短距離であるものを求めよ」という巡回セールスマン問題は、計算しようとすると場合が多すぎて時間が膨大になってしまう（都市数nの多項式に比例するような時間では解けそうにないのである）。離散凸解析の立場から見れば、解ける問題は離散世界版の凸関数だとわかるが、そうでないものは凸関数の性質を持っていないのだということになりそうだ。

離散的な問題での凸関数に関係する劣モジュラ関数は、ネットワーク問題など組合せ最適化問題にはしょっちゅう現れる。それだけではなく、通信で伝えることのできる情報量を分析したシャノンの情報量理論や経済モデルなどにも登場する基本的な存在で、そこではこの劣モジュラ関数を「最小化する」という手続きが重要だったのだが、それだけで結構てこずる問題だった。

一九八一年に一応、欧州のマーティン・グレッチェル、ラースロ

岩田覚
（写真本人提供）

ー・ロヴァース、アレクサンダー・スクライファーという三人が劣モジュラ関数を多項式時間で最小化するアルゴリズムを発表したが、これはこの問題の最初の成果であったが、離散性を活かした組合せ論的な方法ではなく、実用的でなかった。それ以来、離散最適化を研究する多くの研究者がこの問題に挑んだが、なかなか解くカギを見つけられなかった。

岩田と藤重（当時、二人は大阪大学に勤務していた）、米コロンビア大学のリサ・フライシャーの三人は、一九九九年、この問題を解くことに成功、データの個数にしか依存しない強多項式時間で最小化することのできる組合せ的アルゴリズムを提示することができたのである（ほぼ同時に八一年のきっかけを作った三人のうちの一人、スクライファーも別のアルゴリズムを示していた）。この成果をきっかけに劣モジュラ最適化問題（たとえば最大化することなどを含む）の研究は盛り上がった。四人は二〇〇三年の国際数理計画シンポジウムで離散数学分野では最高の賞であるファルカーソン賞を受賞した。

岩田によれば、劣モジュラ関数の最小化は、たとえば、「多数の地点に分散している人を一定時間内に手際よく避難場所に誘導するにはどうしたらいいのか」というフローの問題、「いろいろな種類の要求を持った客が限られた窓口にやってくる状況をどうさばいたらいいのか」という待ち行列の問題などいろいろに応用することができるという。

室田は二〇〇二年に数理解析研究所から古巣の東大へ移ったが、藤重は二〇〇三年に、岩田も東大を経て二〇〇六年に数理解析研に移り、ともに研究を進めた。三人が構築したマトロイド理論、劣モジュラ関数最適化、そして離散凸解析という理論は、それぞれバラバラに見える具体的な離散最適化問題の特徴を統一的にとらえる方法として世界的に注目された。それは、問題ごとに数学を当てはめるという数理工学の問題を解いたというよりは、抽象化した新しい数学的方法を開発したともいえるように感じる。数学の強みは、抽象化による汎用性であり、数理工学は新しい数学を作っていくタネになっているといえるだろう。

◉情報科学年表……………………

一九四六年　米国で最初の電子計算機ＥＮＩＡＣ完成。
一九五六年　日本最初の電子計算機ＦＵＪＩＣ完成。
一九五八年　東大理学部でパラメトロン計算機ＰＣ-１完成。
一九五〇年代終わり　ジョン・マッカーシー、プログラミング言語Ｌｉｓｐを考案。一九八〇年開催の国際Ｌｉｓｐ会議までに多種のＬｉｓｐが開発・発表される。
一九六〇年　国鉄座席予約システムが稼働。
一九六六年　四月、数値解析研究部門設置。高須達助教授が着任（ウェスタン・オンタリオ大学から）。
一九六七年　四月、計算機構研究部門設置。六八年四月、高須（教授）、五十嵐滋（助教授）着任。
一九七〇年　三月、中島玲二、東大理学部数学科卒業。
情報系学科が東工大（理・情報科学科）、山梨大（工・計算機科学科）、京都大（工・情報工学科）、大阪大（基礎工・情報工学科）に設置。翌年以後も、続々と設置される。
一九七三年　八月、中島、ニューヨーク州立大学大学院計算機学科修士課程修了、七五年十二月、カリフォルニア大学バークレー校博士課程修了。
一九七六年　一月、中島、附属数理応用プログラミング施設助手に着任。同年からイオタ・システムの開発開始。
一九七八年　八月、中島、助教授に昇任。
一九八一年　十一月、Common Lisp の設計作業始まる。
一九八二年　四月、湯淺太一が附属数理応用プログラミング施設助手に、萩谷昌己が計算機構研究部門助手にそれぞれ着任。

一九八三年　二月、Ｌｉｓｐの創始者マッカーシーが数理解析研に来所。湯淺と萩谷、Common Lisp処理系の仕様書の話を聞く。その後、仕様書原案を入手。同年春、二人はCommon Lisp処理系制作プロジェクトを始める。八月、日本データゼネラルから二人参加。九月、処理系制作のためにミニコンEclipse/MVが研究所内に設置される。十月、インタープリタがほぼできあがる。

一九八四年　三月、コンパイラができあがり、Common Lisp処理系が一応完成。Kyoto Common Lisp（ＫＣＬ）と命名。その後も改良を続ける。

一九八六年　夏、ガイ・スティール・ジュニア、Common Lisp仕様書を完成・発刊。
五月、ワークステーション用のソフト制作プロジェクトが京大、慶応大、オムロン（当時は立石電機）、ＡＳＴＥＣの共同で始まる。マルチ・ウィンドウ・システムと日本語処理システムの開発が決まる。湯淺が、日本語処理システムをＷｎｎ（ウーンヌ）と命名。十月、開発はＫＡＢＡに任される。一九八七年に完成、フリー・ソフトウェアとなる。

一九八七年　十月、湯淺、豊橋技術科学大学講師へ転出。同年、第一回の日本ＩＢＭ科学賞受賞。

一九八八年　十月、萩谷、計算機構研究部門助教授に昇任。

一九八九年　七月、中島、数値解析研究部門教授に昇任。

一九九一年～二〇〇四年　中島、附属数理応用プログラミング施設長。

一九九二年　四月、萩谷、東京大学理学系大学院助教授へ転出。

一九九三年　十月、中島、計算機構研究部門教授になる。

一九九四年　GNU Common Lisp が登場。

二〇〇八年　一月、中島、肺炎で死去。享年六〇歳。

◉参考文献と読書案内……………………

○情報科学

・数理解析研究所における計算機科学、ソフトウェア開発についてまとまった資料はあまりない。

・Kyoto Common Lisp については湯淺太一「ＫＣＬの話」（『岩波講座ソフトウェア科学』月報五、一九八八年）、湯淺太一「ＫＣＬの開発・普及活動と計算機ネットワークの発達」（『コンピュータソフトウェア』十四巻二号、一九九七年）、湯淺太一「Common Lisp」（『情報処理』二十六巻七号、一九八五年）、湯淺太一、萩谷昌己「Common Lisp 入門」（『ｂｉｔ』十七巻四号〜六号、一九八五年）などを参照した。

・中島玲二の仕事については中島玲二「当世ワークステーション事情」（『科学』五八巻一月号、一九八八年）、中島玲二「プログラム検証入門（１）〜（３）」（『ｂｉｔ』一九八〇年十二巻十一号〜十四号）。

・Ｗｎｎ、ＧＭＷについてはＫＡＢＡ著『Ｗｎｎ＋ＧＭＷ入門』（岩波書店、一九九〇年）、萩谷昌己「ＧＭＷウィンドウ・システムについて」（『ｂｉｔ』十九巻三号、一九八七年）、桜川貴司「開かれた日本語入力システムＷｎｎ」（『ｂｉｔ』十九巻一〇号、一九八七年）、大学での情報学科などの成立については日本情報処理学会の機関誌『情報処理』十二巻（一九七一年）、十四巻（一九七三年）に掲載されているいくつかの記事を参照してほしい。

○流体力学

・戦前の空気力学、航空機開発研究については橋本毅彦『飛行機の誕生と空気力学の形成』（東京大学出版会、二〇一二年）に詳しい。

・ナヴィエ－ストークス方程式については岡本久ほか「特集　ナヴィエ－ストークス方程式」（『数学セミナー』二〇一〇年二月号）、藤田宏・岡本久「ナヴィエ－ストークス方程式の解の存在問題」（『数学七つの未解決問題』第七章、森北出版、二〇〇二年）、岡本久『ナヴィエ－ストークス方程式の数理』（東京大学出版会、二〇〇九年）。その他、日本数学会の『数学』、『日本物理学会誌』に、いくつか記事を見つけることができる。

・流体力学の日本での歴史については『流力懇談会誌』『nagare』、日本流体力学会誌『ながれ』を参照。

・後藤金英の仕事については『流れの向こうに　後藤金英先生の65歳を祝う文集』（一九八八年）。

・木田重雄の仕事については木田『乱流の不思議なふるまい』（丸善、一九八八年）、木田、柳瀬眞一郎『乱流力学』（朝倉書店、一九九九年）。

・山田道夫の仕事については、山田「流体力学」（大槻義彦、大場一郎編『新・物理学辞典』第十章、講談社ブルーバックス、二〇〇九年）、山田「ウェーブレットと乱流」（『数学のたのしみ』二〇〇四年秋季号）、山田「大規模な流れとNavier–Stokes方程式」（『数学セミナー』二〇一〇年二月号）を参照。次のサイトでは回転球面上の流れのアニメーションを見ることができる。http://www.kurims.kyoto-u.ac.jp/~takepiro/gfd.htm.ja

○最適化

・オペレーションズ・リサーチなどを含めた数理工学の歴史は、日本オペレーションズ・リサーチ学会の機関誌『オペレーションズ・リサーチ』に連載された「ORを築いた人々」（1）～（23）や、日本応用数理学会の学会誌『応用数理』の記事などを参考にした。

・森口繁一『応用数学夜話』（ちくま学芸文庫、二〇一一年）はそのころの雰囲気を彷彿とさせる。

・離散数学については藤重悟『離散数学』（「岩波講座応用数学」、一九九八年）が読みやすい。

・離散凸解析については室田一雄『離散凸解析の考えかた』(共立出版、二〇〇七年)、室田一雄「応用から生まれつつある新しい数学——数理工学　離散凸解析」(『数学セミナー』二〇〇六年十月号〜十二月号)を参考にし、『オペレーションズ・リサーチ』、『応用数理』に掲載されたいくつかの記事も参考にした。
・劣モジュラ関数については岩田覚「劣モジュラ関数の数理」(『数学セミナー』二〇〇四年六月号〜八月号)がある。

第∞章

研究所の明日、数学の明日

古都にひっそりと建つ京都大学数理解析研究所という研究所に集《つど》った数学研究者たちの姿を、時を追って見てきた。なんという個性を持った人々が自らの力の限りを傾けて数学を創ってきたのかと思う。創られた数学は、彼らだけのものではない。私たちのもの、いや、世界のだれもが味わってよいものである。数学は、一旦創られれば、古びることはない。それは、記録に残る限り、永遠に生き続ける。そういう数学がこれからも現れてほしい。そのために考えておきたいことがいくつかあるのだ。

アタマの中から

数学者が数学の研究をする、つまり、彼のアタマだけを使って新しい数学的真理を発見するとは、どうやっておこなわれるものなのだろうか。一人の創造力あふれる数学者に朝から晩まで何日、何週間、いや何年もくっついて生活すれば、その発想の秘密がわかるかもしれないと考えたこともある。そんなことは無理、と決まっているから、まずは、木村達雄が書いている佐藤幹夫のことばを紹介しよう。

「朝起きた時に、きょうも一日数学をやるぞと思ってるようでは、とてもものにならない。数学を考えながら、いつのまにか眠り、朝、目が覚めたときは既に数学の世界に入っていなければならない。どの位、数学に浸っているかが、勝負の分かれ目だ。数学は自分の命を削ってやるようなものなのだ」(http://www.math.tsukuba.ac.jp/~kazunari/Kimurata/kimurata.html)。

数学や理論物理の研究者に、それとなく広まっていることばである。

物理、化学、生物などの自然科学は実験と理論の相互関係が重要とされるが、数学はその範疇から外れた作られ方をする存在である。ある前提条件のもとに厳密な論理のみで新しい世界、だれも見たことのない世界を構築しなければならない。自分のアタマの中の論理のみにすがって証明を見つけ、作り上げるには佐藤のいうような覚悟が必要なのだろう。

ただ、数学のきっかけ作りは論理ばかりにすがっているわけではないようだ。数学者も「実験」をしている。たとえば、佐藤幹夫はソリトン理論構築の際には相当な数式計算をしたようだし、佐藤(-テイト)予想のときにもコンピュータによる計算をしきりにしている。そういう具体的なところから、何かきっかけを見つけていくことは常道なのだ。森重文も代数幾何学のフリップ予想の証明ではコンピュータも含めた計算に没頭していた時期があった。スマートな演繹ばかりでなく、膨大な試行錯誤を伴う帰納的作業もあるのだ。数学者は湖水に浮かぶ白鳥のように、表向きは優雅に見えるが、その背景では誰もがすさまじい具体的な計算活動をしているに違いない。それはどのくらい時間のかかるものか、やってみなければわからないのである。

水準の高い数学の業績を創り出すには時間がかかることが多い。フェルマー予想を証明したアンドリュー・ワイルズは一〇九ページの論文を書くのに五年間の沈黙の時間が必要だった。望月新一も、遠アーベル幾何から宇宙際タイヒミュラー理論を構築し、ＡＢＣ予想の証明を主張するまで六年近くかかっている。

数学は数学者が自らの頭脳で自らと格闘しながら自らのスタイルで作りあげていくものである。その格闘のスタイルは、それぞれの個性と状況に応じていろいろである。そのように数学に取り組むものに対して、それができる環境を与えることが、研究所という枠組みの基本であろう。

「所員をなるべく雑用から解放し、静かに数学に没頭できるようにすること、それがまず必要」と、京都大学数理解析研究所・現所長の森重文は、「何が一番大事か」と質問した私に答えた。これは目に見える活動ではない。記録に残される活動でもない。地味に、その日々の中でするしかない。国立大学の附置研究所として、毎年の予算決定でも、目に見える活動と同時にその方向への努力が続いているはずだ。決して十分とは言えない人数の事務職員の努力もあるはずだ。その分、所長という役目は、森に多忙を極めさせているようだが……。

数学を楽しむことは、やろうと思えば誰にでもできることだろう。しかし、いい数学を創ることは誰にでもできるというわけにはなかなかいかない。創りたい人に自由に作ってもらおうではないか。まずは、そういう人のアタマの働きを伸びやかに、自由にしてあげること、これは研究という活動をする限り、永遠に変わらない研究所としての役割なのだ。

ヒトとヒトのからみ合い

数理解析研究所でもっとも賑やかなのは、毎日のように開かれている研究集会の周辺である。一つのテーマについての講演のあと、人々はその日の数学について、あるいは自らの数学についての議論に懸命になる。そこは数学をする人と人が触れ合う場所である。自らの問題と格闘する一人ひとりが、成長するきっかけがあるとすれば、こういった他の人と触れ合う場であるだろう。数学を求める人たちに、人と人の関係を提供するのが、研究所のもう一つの役割である。

第〇章で触れたように、全国共同利用の研究所である数理解析研では、研究集会やグループによる研究、合宿型セミナーなどの共同利用研究が、年間あたり八十件以上も開催されている。大学院生や所外の関連研究者も参加する分野ごとのセミナーも毎日のように開かれている。年間三百人以上訪れている外国からの滞在研究者の講演も日常茶飯事だ。

一九五八年、数理解析研より一足先に設立されたフランス高等科学研究所（ＩＨＥＳ）を見よう。パリから二十五キロメートル離れた郊外、ビュール＝シュール＝イヴェットの「マリーの森」と呼ばれる静かな環境にあるＩＨＥＳは、最初はジャン・デュードネとアレクサンドル・グロタンディークの二人から始まったが（当時はパリ市内にあった）、今は世界的にトップレベルとされる十人のパーマネント・スタッフが、常に四十〜五十人いるビジターと関わりながら最先端の研究を進めている。ビジターとなるための競争率まで高いというから、世界の研究者から羨望の眼差しを受けている数学を中心とする研究所であり（近年は理論物理、生物学の研究もおこなっている）、世界でいえば、米・プリンストン高等研究所などと並ぶ存在だ。数理解析研究所員の訪問・滞在も多い。たった十人でも、広い分野をカバーできる能力を持つトップクラスの人材が自由な発想を駆使できるというのが素晴らしいようだ。

ＩＨＥＳと数理解析研究所の運営方法は違うのだが、両者はおなじ数学の研究所としてよく比較される存在である。ＩＨＥＳで研究活動をした小谷元子《こたにもとこ》はこんなことをいっている。

「昼ご飯をカフェテリアに集まって食べるというルールは他分野の話を聞くにはもってこいです……物理、生物、情報の人と共通話題を探していると、同じ概念の全く違う見方に出会います……当初の研究計画などは関係ありません……ＩＨＥＳは研究者の楽園でした」（『数学』六十巻四号所収「第四回日本数学会関孝和賞　フランス高等科学研究所」から）。

ＩＨＥＳのジャン＝ピエール・ブルギニョン所長ら外部の四人が、二〇一二年に数理解析研究所を評価した記録によると、スペースなど施設的な弱点はあるものの、その研究指導力は世界的に認知されているとし、その所員の素質、シンポジウムや研究集会などの活動、国際交流活動の評価は十分に高かった。一つの研究所にトップクラスの数学人材がいることの意味は大きいのだ。評価報告には含まれないが、古都の雅な雰囲気に囲まれ、文化的環境や周辺の食事処にも不足のない数理解析研究所は、日本の研究者のみならず、世界の研究者にとってＩＨＥＳに劣らない魅力を持っていると断言できる。

数学は文化だと、私は思う。絵を描く人、文章を綴る人、音楽を奏でる人と同じように、数学するヒトビトと誰もが触れ合うことが大事だと思う。

だから、数学とはそうそう関係のない外の人とのふれあい、そしてそういう人々からの多様な援助も重要な課題となる。数理解析研を含む京都、大阪の数学に対してはそういう立派な援助者が過去の財界にいたことを、読者諸氏は知っておられるだろうか。東洋紡の社長を勤めた谷口豊三郎である。

谷口は、父親の遺志から「谷口奨励会」という科学技術の援助組織を戦前に立ち上げ、活動していた。彼は、戦後も科学のいろいろな分野への援助を続けたが、特に旧制三高で同窓であった秋月《あきづき》康夫、岡潔との親交をきっかけに、戦後、日本の数学の育成援助を熱心におこなったのである。一九五六年から九七年までにその援助で開かれたシンポジウム（七六年に奨励会は改組され、財団法人である谷口財団となった）は九十二件にも及ぶ。九四年に谷口は亡くなった。同財団は基金を使い切り、二〇〇〇年に解散しその役割を終えた。ＩＨＥＳの設立も、数学研究に夢を持っていた実業家レオン・モチャーンの寄付によるものであったことと比べても、谷口という存在の意味は大きい。たとえば、日本における代数幾何学、代数解析学などという分野の隆盛は、谷口の支援がなければこれほどまでの成果に達することはできなかったかもしれない、と考えてもいい。財界・企業人による直接の成果を目的としない援助は、景気によって、あるいは企業そのものの勢いによって波はあるのだが（それによってＩＨＥＳも財務問題には相当に苦労を重ねている）、谷口の後を追うような動きが、もっとあってもいい。

ついでにいえば、研究活動を支える財源をどうするかは、研究活動の多様化、研究そのものの目標設定とも絡んで大きな問題となる。科学の世界では「研究費は自分で取ってこい」といわれるようになっており、医学分野などでは、いわゆる企業が出資した冠講座で目標志向研究がおこなわれることも増えてきている。しかし、短期間の成果主義ではとらえることの難しい数学というものの性質を考えれば、「研究の自由」と「財源による縛り」のアンビヴァレンツが存在することはよく噛み締めておかなければならない。カネに縛られて目標志向的成果のみを短期的に追うだけになれば、大切にすべき数学の多様性が失われるのは必定であろう。

純粋と応用と

とはいっても、現実問題の解決を目指す応用数学と現実世界への応用を直接目的としない純粋数学が交流することは、非常に大事なのだ。純粋数学は新しい応用を発見し（たとえば数論の結果が暗号に使われるように）、応用から生まれた数学も磨かれて純粋な数学として独り立ちする（超函数から代数解析が、ソリトンから可積分系が、あるいは量子力学から作用素環が生まれたように）。純粋数学というものの中でさえも、ある分野プロパーの存在から他の分野へも使えるのがわかること、事象の見方をある分野的なものから他の分野的なものに切り替えるなどという分野間の相互交流が本質的に重要なのだ。解析を厳密な「代数化」で変貌させた代数解析学の育ち方を思い出そう。

もちろん純粋数学プロパーの発展も重要だ。「二十世紀の数学はむしろ応用・実用方面を捨象することによって非常な発展を遂げたという面があります……公理化・抽象化の道を進み、それによって強力な汎用性を獲得したと考えられます」と、落合卓四郎は東京大学大学院数理科学研究科発足時に述べている。純粋数学の持つ爆発的な力はまさにそこにある。しかし、数学者の視点の数だけ、数学があるといってもいいはずだ。それほど数学は本質的に多様であり、数学は時代とともに変貌を重ねていく。そのような変貌に対応できるように、研究所も変わらなければいけない。

もともと、数理解析研で教授や准教授（以前は助教授）を選考するときの厳しさは聞こえている。本当にトップクラスの業績をなしつつある人なのか、将来性はどうなのかなど、所内の教授らが協議員会という会議で数回にわたり激論を重ねる。所員も一家言ある人ばかりで、相当厳しい意見も飛ぶという。本当にトップクラスだとわかれば、前任者とやや異なる専攻であっても将来の配置変更にも目を配りながら採用してきている跡がこれまでの人事に見られる。しかし、設立以来の部門別の枠組みからそうそう離れることも難しかったはずだ。

数理解析研究所で一九九九年四月におこなわれた部門の改組は、その人事の枠組みによる障壁を改善しようという努力を表している。二十一世紀を迎えようとするとき、旧来の代数、幾何、解析、あるいは基礎と応用という分類の枠組みでは、新しい時代の新しい研究分野の発展や変化に対応するのは全く不十分であった。そういう枠を超えて、自由に研究チームを組めるような体制が必須となっていたのである。

そこで改組後は大部門制が登場した。それまでは十三の小部門（他に外国人客員が二部門）であった枠組みが、基礎数理、無限解析、応用数理という三大部門に改められた。特に、代数解析、ソリトン理論、作用素環などの数学理論の発展の方向を重視した「無限大を厳密に扱える理論」＝無限解析というくくり方は、未来を見据えた数理解析研ならではのものであろう。これまでの伝統から主要「科目」をとりそろえた教育も考えなければならない大学・大学院ではなかなかできない枠組みである。これで、基礎と応用と未来という数学の多様性を支えるための研究所の自由度は相当上がったはずだ。

歴史というもの

歴史とか伝統という言葉は古臭く聞こえるかもしれない。しかし、それを壊すには一瞬しかかからないが、創り上げるには何十年もかかるという事実を深く考えるべきである。数学ではないが、百年にわたる物理、生物、化学のノーベル賞受賞者の系譜というものを見ていると、気づくのは欧米の科学の伝統と歴史が脈打っているという事実である。一人の幹から枝が分かれ、あちらに枝が張り出しているかと思えば、こちらにも枝があり、新しい小枝を次々と伸ばし育てて、また大きな幹となっているのである。そういう例は、いくらでも挙げることができる。それは科学のメイン・ストリームなのだが、伝統と歴史があることがメイン・ストリームを作った原因であるか、メイン・ストリームそのものが歴史と伝統の結果であるか、いずれかはなかなか判別しがたい。

次々と顔を出す新しい芽を分け隔てなく育てることはもちろん必要だが、野心を持って長く太く続けようとするならば、伝統と歴史のあるメイン・ストリームも尊重すべきであろう。外国にあるものや流行しているものを拝借するだけの促成栽培では決して得られないものがそこにはあるのだ。

数学という学問は、作るのに時間もかかるが、その反応が出てくるのにも時間が必要である。ある正しい結果＝定理が書かれた論文があるとしたら、その「賞味期限」はいわば無限である。特定の論文が引用される期間は、たとえば生物・医学関係のそれよりもはるかに長い。発表から短期間の引用回数で論文の「価値」を測るインパクト・ファクターという指数について、日本数学会では、数学における信頼性は低く、使うべきではないと主張しているほどだ。その指数には歴史と伝統という重いファクターが抜けているのだ。

数理解析研究所の歴史と伝統が目に見えるのは、設立以来発行を続けてすでに千八百冊を超えている「数理解析研究所講究録」である。数学図書館の本棚いっぱいにずらりと並んでいるのを見ると実に壮観だ（すべてＰＤＦファイルとなって全文公開されている。http://www.kurims.kyoto-u.ac.jp/~kyodo/kokyuroku/kokyuroku.html）。活発な研究集会の記録であるが、その中で表現されている数学の豊穣さ、みずみずしさは専門家でなくても感じられるものだ。ここには若い芽も育った巨木もしきりに活動しているのを見ることができるのである。

実は、舞台裏が見られるのも楽しみである。どの学問分野でもそうだが、論文ともなると、きちんとまとまってしまっているのが普通だ。それを創り上げるときの、実験的な計算、未熟な思索、余計な横道などは、論文ではすべて「消しゴム」で消されて、定理—証明—定理—証明……という、かっちりとした堅固な構造しか見えないのである。講究録では、まだ完璧な論文になりきれない初々しい数学の姿が見られる。あるいは、成熟した数学者の英雄譚（そこには、失敗や青春の迷いなど味わうべき経験もありそうだ）が聞けることもある。その中には、数学することを相対化してしまう数学史の研究さえある。

数学の巨人レオンハルト・オイラーは、まるで息をするように数学をした。それを書き留めた原稿は膨大であり、その著作全集『オペラ・オムニア』はいまだに完結していない。しかし、それを見る数学者は、そこからまた新しい数学を汲み取り発展させている。五十年間にわたる講究録は、日本の数学者たちによる『オペラ・オムニア』ともいえる思索の記録であり、未来の数学のきっかけとなる材料だとも、私には思える。

数学の未来、数学者の未来は、私たちの未来でもある。明日にどんな数学があらわれるか、それを楽しみにしよう。

あとがき

二〇〇六年暮れ、私はささやかな数学者についての連載を朝日新聞紙上で書きました。「ニッポン人脈記」という企画のうちの「数学するヒトビト」という十三回のシリーズでした。もちろん、一般の人が読む新聞の記事ですから、数学について詳細に書くことはできません。数学者という人たちがどんなことを考えて、どんなことを話して、どんな思いを持って、そしてどんな数学を創ってきたのか、ほんのさわりだけを書いたのでした。私の書きたかったことを書いただけなのに、喜んで読んでくださった読者が意外に多かったことは、とても嬉しかったのです。「数学をする人々をみんな好きなんだなあ」と、自分と同じ思いをもっている人のことを思ったのです。

その後、京都に住んで三年近く科学者の話を聞いてはそれを書くという機会がありました。京都大学というちょっと不思議な場で、いろいろな話を聞くのは、大変に面白かったのですが、「数学するヒトビト」を書いたこともあって、数学者と京都でじっくりお話をすることもたくさんありました。たとえば、この本にも登場される丸山正樹先生には、時を捉えてはお話しさせていただきました。京都大学の数学の本流ともいうべき代数幾何学を専攻された丸山先生は、数学者にしては陽気にお話しになる方でした。よく行く京大そばの定食屋でお会いするのは森重文先生でした。この本の舞台となっている数理解析研究所では高橋陽一郎先生（当時、所長）のタバコの香りのする部屋へよく伺いました。連載に出ていただいた河合隆裕先生のまるで講談のような思い出話を聞くのも楽しみでした。そういう方々のことは、それからあともずっと気になっていたのです。

科学記者を三十年ほど新聞社でやってきて、ずっと気になっていたのは、研究者はどうやって自分の研究のきっかけを摑み、それを育て、りっぱな実をならせるのだろうか、ということでした。世界的な仕事というものは、その研究者の才能だけで決まるのではありません。その人がどういう育ち方をしたのか、どういう影響を与えるどういう同時代人がいたのか、それはどこでの出来事だったのか……など、多くの偶然の出来事が必然を生むように感じています。私も、研究者の卵であったことがあり、そういうことがわずかでも感じられることもあります。その「個人史」というものには、私だけでなくいろいろな人が感じることがあると思い、京都という町で数学を創った数学者について書き綴ってみました。インタビューや資料提供など多くの方々にお世話になりました。あらためてお礼を申し上げます。京都大学数理解析研究所が設立五十年を迎えることを教えて下さり、こんな本を書いてみたらどうかとおっしゃってくださった森重文先生、いろいろ相談に乗ってくださった山田道夫先生、先生方との連絡などいろいろお世話いただいた研究部事務室の松村久美子さんには特にお礼を申し上げます。ありがとうございました。

書いた原稿は、いろいろな方にチェックをしていただきました。いちいちお名前を挙げることはいたしませんが、深く感謝いたします。数学という厳密さを重んじる学問について書いたのですが、一般の人にわかるようにと厳密な正確性を犠牲にしたところもあると思います。書いた内容はすべて著者の責任ですので、読者の方々には忌憚のないご批評をお願いしたいと思います。数理解析研究所には、本当にいろいろな数学者がおられます。この本で触れることのできた方はほんの一部で、宿題となってしまった方がたくさん残りました。その点は、どうぞお許しください。

もう二十年以上のお付き合いとなる亀書房の亀井哲治郎さんには、企画段階から、原稿を読んでいただいていろいろなご意見をいただき、本当にお世話になりました。これからもよろしくお願いします。ていねいな編集を担当された飯野玲さんにも深く感謝いたします。

いつものことですが、最後に感謝するのは家族です。父母、妻、娘に「ありがとう」をいいます。

内村　直之

二〇一三年十月八日

人名索引

あ

か

な

内村直之（うちむら・なおゆき）

1952年、東京生まれだが、関西での居住経験あり。公立小中、東京都立青山高校を経て、1981年、東京大学大学院理学系研究科物理学専攻博士課程満期退学。同年、朝日新聞入社。福井、浦和支局を経て、東京と大阪本社科学部、西部本社社会部、『科学朝日』、『朝日パソコン』、『メディカル朝日』などで科学記者、編集者として勤務。2012年4月からフリーランスの科学ジャーナリスト。基礎科学全般、特に進化生物学、人類進化、分子生物学、素粒子物理、物性物理、数学などの最先端と科学研究発展の歴史に興味を持って、取材・執筆。「科学と社会」、「科学ライティング技法」などについて若い人に話している。著書に『エイズ完全早わかりQ&A100』（田辺功と共著、朝日新聞社、1994年）、『われら以外の人類』（朝日選書、2005年）など。趣味は濫読（漫画から科学書まで）とクラシック音楽（鑑賞と合唱）など。Twitterは@Historyoflife

古都《こと》がはぐくむ現代数学《げんだいすうがく》

——京大数理《きょうだいすうり》解析研《かいせきけん》につどう人《ひと》びと

2013年11月25日　第1版第1刷発行

著　者——内村直之

発行者——串崎 浩

発行所——株式会社日本評論社

〒170-8474 東京都豊島区南大塚3-12-4

電話 03-3987-8621［販売］ -8598［編集］

振替 00100-3-16

印刷所——株式会社精興社

製本所——株式会社難波製本

装　幀——駒井佑二

ISBN978-4-535-78744-5